開港とシルク貿易

蚕糸・絹業の近現代

小泉勝夫

Katsuo Koizumi

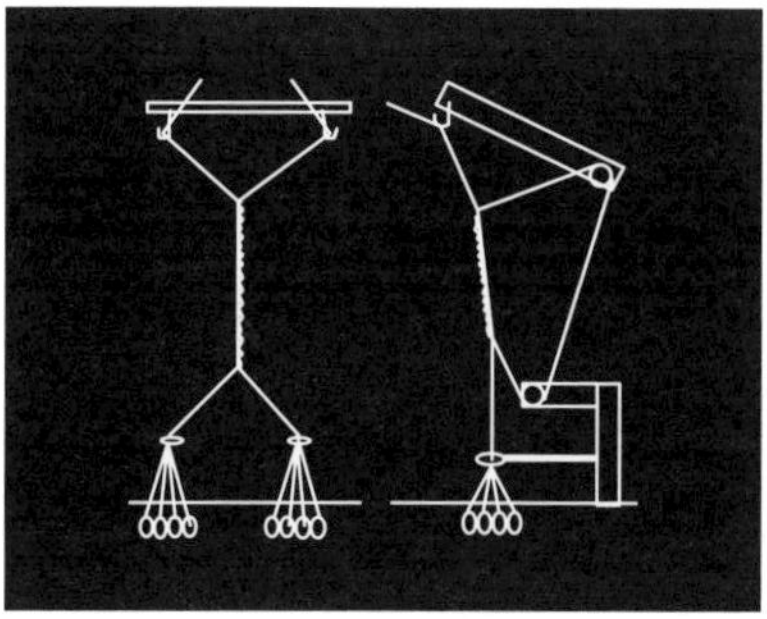

世織書房

本扉の図は明治時代の初めに導入された洋式繰糸機（ⓒ小泉）。右の繰糸機は 1870（明治３）年、前橋藩によって日本で初めて導入されたイタリア式で、ケンネル式糸撚り掛け法。左の繰糸機は 1872（明治５）年、官営富岡製糸場が導入したフランス式で、共撚式糸撚り掛け法。

はじめに

日本は、江戸時代末期の一八五九（安政六）年に横浜・長崎・箱館を開港し、遅れて神戸（一八六八年）、新潟（一八六九年）を開港した。

この開港によって、シルク、特に生糸は海外へ渡り、外貨を獲得し、経済を支えてきた。また生糸は戦前まで、殖産興業、富国強兵を支える重要な輸出品であったので、蚕糸《さんし》業の振興がはかられ、世界一の生糸生産国・輸出国に躍りでた。

生糸輸出は戦後の復興のためにも大いに役立った。特に終戦直後の困窮する食料事情を救ったのは生糸であったといっても過言ではない。外国からの食料輸入に生糸が大きな貢献をしたのである。

しかし、昭和三〇年代からは、第二次産業・第三次産業がめざましい発展をしていく中で、第一次産業である蚕糸業は、他産業との賃金格差・若い労働力の他産業への流出、養蚕従事者の高齢化、円高、国外の安価な絹製品の大量輸入等によって、じりじりと衰退していった。

昭和五〇年代後期から始まったバブル経済は、平成初期に崩壊した。これによって日本経済は長期にわたり不況に見舞われ、蚕糸業・織物業も大きな影響を受け衰退に拍車をかけてしまった。

日本に養蚕や織りの技術が伝わってきたのは、弥生時代前期末とみられている（福岡県福岡市早良区有田遺跡から、この時代に国内で製織されたとみられる素朴な絹織物出土）ので、二〇〇〇年をはるかに越える蚕糸・絹業《けんぎょう》の歴史を刻んで来た。蚕糸業は、この長い歴史の中でも、一八五九（安政六）年の開港以降が、本書に記述したように、最も激しい動きをした時代であったといえる。まさに激動の蚕糸業であった。

本書の第1章では横浜開港とシルク貿易を、第2章では神戸開港とシルク貿易の歴史をたどったが、両章とも日本全体の動きや世界の経済情勢をおり込みながら蚕糸・絹業の動きが見えるように心がけた。

第3章のシルク貿易を支えた蚕糸教育と蚕糸技術では、蚕糸技術を詳しく知りたいという人たちのために、専門書を読む事前知識となるように努めた。そのため、やや深入りした部分もあるが、ご容赦いただきたい。また、輸出に貢献した蚕糸技術といっても、すべてを網羅したわけではない。特徴ある技術事例を紹介するにとどめたので、これ以上のことは蚕糸技術専門書をひもといていただければ幸いである。

著者

開港とシルク貿易

目　次

【凡例】

1. 本書は読者の利便性に資するために注標記は省いている。引用についての出典は本文に記し、参照した文献については巻末に付している。

2. 表の数値については計算上、誤りがあるものもあるが、原資料として訂正せずに掲載している。

開港とシルク貿易

蚕糸・絹業の近現代

第1章 横浜開港とシルク貿易

1 開港へ向けての動き

横浜が開港されたのは、江戸時代末期の一八五九（安政六）年六月二日（新暦の七月一日）である。それまでは、徳川幕府が一六〇〇年代前半から取った鎖国政策により、オランダ、中国、朝鮮以外の国々とは、二〇〇年余にわたり交渉を閉ざしてきた。しかし、一八〇〇年代に入ると、ヨーロッパの列強はアジア地域の国々を次々と植民地化し始め、幕府にも強く開国を迫るようになってきた。

このような情勢の中、一八四六（弘化三）年にアメリカ東インド艦隊司令長官ジェームズ・ビッドルが浦賀に来て、幕府に開国を要求した。しかし、幕府はこの要求を受入れようとはしなかった。さらに、一八五三（嘉永六）年になると、ビッドルに代わってアメリカ東インド艦隊司令長官マシュー・ペリーが、軍艦四隻をひきいて浦賀に現れ、久里浜に上陸し、ミラード・フィルモア米国大統領の国書を携え、開国を要求した。幕府はペリーの強硬な

写真1　ペリーの横浜上陸（ハイネ原画石版画）

（横浜開港資料館蔵）

交渉姿勢に押され、断る手立てもないまま、国書を正式に受け取り、回答を翌年に行う約束をした。

ペリーがひきいる巨大で勇壮な黒船の浦賀来航は、たちまち全国各地に伝わり、大きな騒ぎとなった。この騒ぎは日本人の好奇心を浦賀へとかきたてた。今に伝えられている「泰平の眠りを覚ます上喜撰（蒸気船）たつた四杯（四隻）で夜も寝られず」というよく知られた落首がある。これは上等な喜撰茶と蒸気船、お茶四杯と黒船四隻を掛け言葉にしたもので、当時の幕府や庶民の様子が三一文字の中に表現されており、私たちにもその様子が伝わってくる。

ところで、ペリーの来航に遅れること一カ月半後に、ロシアの使節エフィム・プチャーチンも長崎に来て、開国と国境協定を要求した。このプチャーチンの動きを知ったペリーは幕府との約束もあり、翌一八五四（嘉永七）年九隻の黒船で来航し、幕府に対し強硬に条約の締結を迫った。幕府はこのペリーの軍事力と威圧に屈して、日米和親条約を締結したのである。これにより、鎖国は終わりを迎える。

条約は、アメリカ船への燃料・食糧の供給、難破船や乗組員の救助、下田・箱館二港の開港、領事の駐在、アメリカに最恵国待遇を与えることなどを内容とするものであった。

アメリカと条約を結ぶと、幕府は同年八月に、イギリスとも同様の内容の和親条約を締結した。

ロシアはプチャーチンを派遣して同年一二月、下田で日露和親条約を締結した。ロシアとの条約では、下田・箱館のほかに長崎を加えた三港を開港することにし、国境については択捉《エトロフ》島以南を日本領、得撫《ウルップ》島以北をロシア領、樺太は両国の雑居地とし、境界を定めないことを約定した。

オランダとは、翌一八五五（安政二）年に同様の内容の和親条約を締結し、幕府の長期にわたる鎖国政策はついに崩壊してしまった。

アメリカの総領事タウンゼント・ハリスは、日米和親条約に基づいて一八五六（安政三）年に下田へやって来た。ハリスは着任すると、幕府に対して通商条約の締結を強く求め始めた。幕府は老中首座堀田正睦《まさよし》をハリスとの交渉にあたらせたが、ハリスの強い交渉に屈し、通商条約締結の方向に動きだし、条約調印の勅許（天皇の許可）を孝明天皇に求めた。しかし、朝廷では攘夷（外国を排撃し鎖国を主張すること）の空気が強く、天皇の勅許をえることはできなかった。しかしながら、この時期、アジアではイギリス、フランスなどによる侵略・植民地化が進んでおり、特に清国（中国）は、一八四〇年のアヘン戦争に敗れ、一八四二年に南京条約（香港の割譲、上海・広州など五港の開港、賠償金の支払いなど）を結び、その翌年には領事裁判権など治外法権や最恵国待遇などの不平等条約を結ばされた。その後、一八五六年アロー号事件が起こりアロー戦争（第二次アヘン戦争ともいう）に発展、イギリス、フランスによる侵略戦争に再度敗れ、一八六〇年に不平等な北京条約を結ばされた。ハリスはこのような列強による侵略の脅威を盾に取り、幕府に通商条約締結を迫った。

軍備力に乏しい幕府としては、列強に侵略をされたならばひとたまりもなく植民地にされ、大変なことになると考えていた。大老井伊直弼《なおすけ》は、何としてもこのような事態だけは避けたいと考え、大英断を下し、勅許がえられないまま一八五八（安政五）年六月、日米修好通商条約を締結した。鎖国はここに幕をとじた。

この条約は、日米和親条約で開港されていた下田・箱館に加え、神奈川・長崎・新潟・兵庫の開港と江戸・大坂の開市（公開して商取引を行うこと）、自由貿易とすること、開港場に居留地（外国人の居住・営業を許可する地域のこと）を設けること、居留地内での領事裁判権を認めること、関税は相互に協定して定める協定関税とすることなどが主な内容になっていた。この条約の中で領事裁判権と協定関税は、大変不平等な条項であった。

アメリカと修好通商条約を締結するとオランダ、ロシア、イギリス、フランスとも同様の不平等条項を含む条約を結び、一八五九（安政六）年六月二日（新暦七月一日）、横浜、長崎、箱館（明治二年、函館と改める）の三港を開港し交易を始めた。

この不平等条約に悩まされた明治政府は、条約締結以来半世紀以上の歳月をかけて交渉し、一八九九（明治三二）年に領事裁判制度の廃止、一九一一（明治四四）年に、自主関税制度にようやく改正することができた。不平等条約から開放され、諸国と対等になった日本は、資本主義経済の道を歩みだし、貿易は大きく発展していった。

2　横浜開港場の位置問題

1　開港場の位置問題で諸国の領事らと対立

幕府は一八五八（安政五）年に欧米諸国と修好通商条約を結ぶと、早速、開港場の整備計画に取りかかった。修好通商条約では、神奈川（現在の横浜市神奈川区の東神奈川一帯）を開港場とすることに決まっていた。しかし、幕府は神奈川宿の開港に難色を示し、横浜を開港場とする方向で動きだした。

開港場を横浜付近に変更することを最初に主張したのは、大老井伊直弼で、安政五年七月に任命した外国奉行永井尚志《なおゆき》、岩瀬忠震《ただなり》らに考え方を伝えたことがその始まりであった。

幕府は、欧米諸国の領事・公使たちに開港場を横浜にする理由を次のように説明し、理解をえようと交渉を重ねた。

● 神奈川は交通の頻繁な東海道の宿駅で、何が起こるかわからないので、ここに居留地を置くことはきわめて危険である。

- 神奈川の海は遠浅なため、船舶の帰着に不適当である。
- 横浜も神奈川のうちである。
- 横浜は水深が深く船付けしやすく上陸に便利である。
- 横浜は住宅建設に便利で商売のしやすい場所である。

このような理由をあげて説得を続けたが、米国領事ハリス、英国公使ラザフォード・オールコックなどは、開港場の変更は条約違反だとして猛反対であった。

東海道は重要な交通路であったので、外国側にとっては、この利便性のある道路に面した場所を開港場にしたかった。また、東海道を行き交う大名たちを金持ちと見なしており、この通路を利用した商売に期待をしていたところもあったようである。それが交通不便な寒村の横浜では、貿易の発達を阻害するばかりか、長崎の出島と同じようなことにならないかという疑義を強くいだいていたようである。

開港する一八五九（安政六）年に入っても領事らの反対で、横浜を開港場にする調整はできなかった。特に米国領事ハリスの意思は固く、幕府の考え方に応じようとはしなかった。

開港場がなかなか決まらないので、ハリスは「開港日まで開港場所を懸案とし未定にしておく」という提案を幕府側に伝えた。しかし、このまま開港日を迎えることはできないと考えていた老中や外国奉行は、神奈川開港を主張するようになり、幕府内部の考え方が揺らぎだした。だが井伊大老は老中らを承服させ、あくまでも横浜開港を説得するよう指示し、さらに交渉を重ねさせた。

2　領事ら不同意のまま開港場整備

ハリスとその後も交渉を重ねたが、同意はえられなかった。しかし、開港期日だけは待ったなしに迫っていたので、幕府は横浜を開港場として整備することに決定し、ここに外国人を居留させることにした。

工事は一八五九年三月上旬から開始された。開港日まで三カ月もない中で、突貫工事の様相で開港場工事等が進められた。

開港場の整備は、波止場（現在の象の鼻パーク附近）、運上所をはじめ港崎町《みよざき》（現在の横浜公園）を結ぶ線（現在の日本大通にあたる）を中心に東側に居留地、西側に日本人居住地とする工事、遊郭の設置などを進めた。図1からもわかるように、開港当初から設置された港崎町の遊郭の周辺は、沼地・入海になっていた。これら沼地や入海は明治初めに埋め立てられ、現在のような地形ができ上がっていった。

図1の中央下に、真っ直ぐにせりだした二つの波止場がある。幕府が整備した運上所前の石積みの波止場で、このうち、東側の波止場（東波止場・イギリス波止場と呼んだ）は外国貿易用、西側（西波止場と呼んだ）は内国貿易用として使われた。その後、図1の居留地側にも外国貿易専用の波止場（図1左下の波止場で、一八六四年・元治元年完成。フランス波止場ともいう）が造られると、運上所前の波止場全体を西波止場、居留地前の波止場（フランス波止場）を東波止場と呼ぶようになった。

開港日までの短い期間に、運上所の設置、港の整備、居留地の整備、日本人居住地の整備、東海道から開港場までの横浜道の整備などを行い、ようやく六月二日（新暦七月一日）に開港することができた。

外国の領事や公使たちは、すでに下田を引き払って、東海道神奈川宿に移って来ていた。米国領事は青木町（現在の横浜市神奈川区高島台）の本覚寺《ほんがくじ》に、英国領事は同じ町の浄瀧寺《じょうりゅうじ》（現在は横浜市神奈川区幸ヶ谷）に、仏国の公使は神奈川町の甚行寺《じんぎょうじ》（現在は横浜市神奈川区青木町）に、仏国の領事は同じ町の慶運寺《けいうんじ》（現在は横浜市神奈川区神奈川本町）にそれぞれ仮寓（仮住まい）を定めた。

横浜開港場にやって来た外国商人たちは、米国領事ハリスの主張とは裏腹に、この開港場を不便に感じることなく、取引を盛んに始めた。商館の建設もしやすかったので、その数は増加していった。

このように、横浜が開港場として動きだすと、領事たちは条約を盾にとって反対ばかりしていることができなくなり、外商たちが活動する横浜への移転が始まり、開港場の位置問題は立ち消えになってしまった。

図１　1865（慶応元）年の横浜絵図面

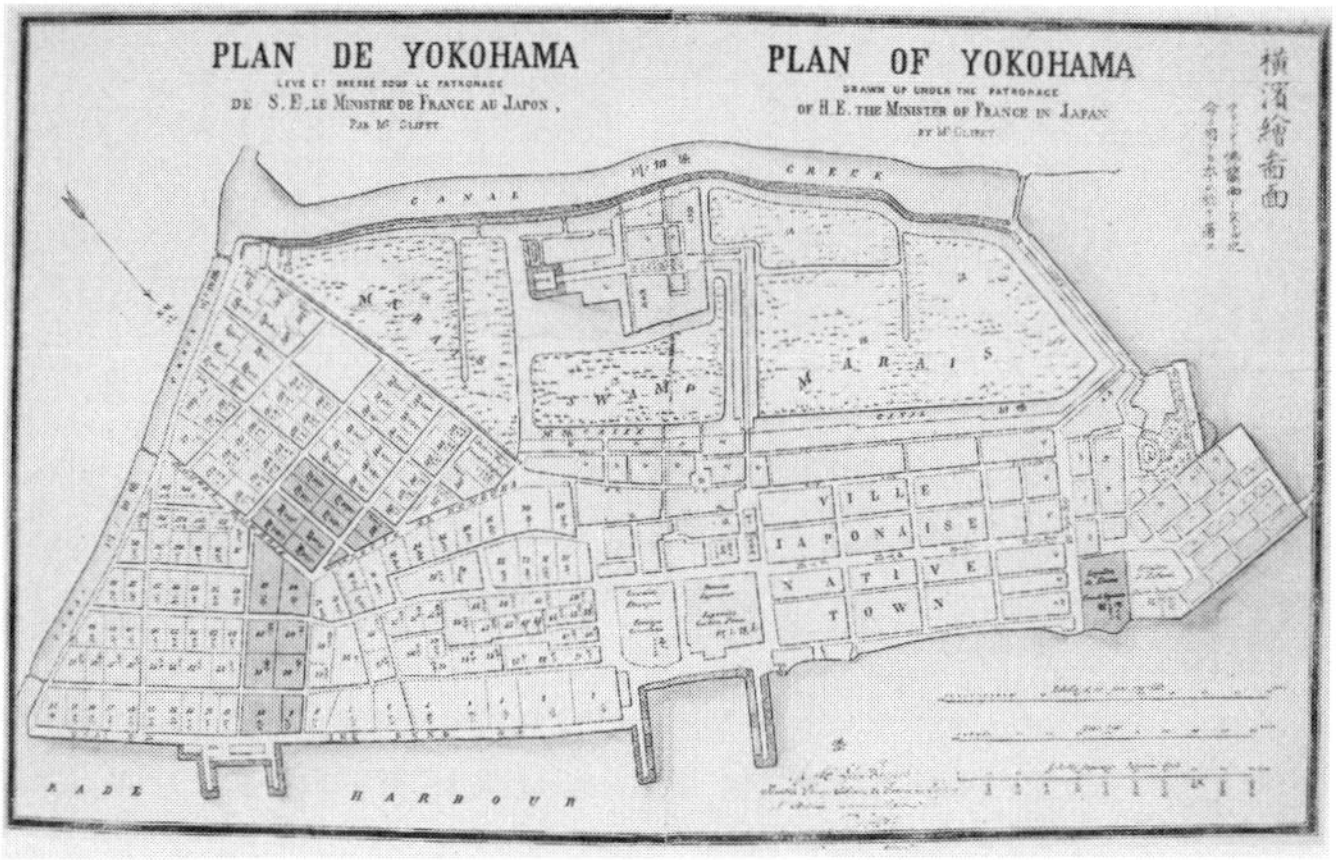

フランス人クリペ作成の実測図（横浜開港資料館蔵）

3　現在の神奈川宿跡

開港場の位置問題で、幕府と諸外国との間で最後の最後までもつれた「横浜」と「神奈川」であったが、開港場とならなかった神奈川宿には、現在も当時の面影を残す史跡がたくさん見られる。

ここで神奈川宿跡を散策される人のために、本題から外れるがそのいくつかを紹介しておく。

ＪＲ京浜東北線東神奈川駅、京浜急行神奈川駅をでると、かつての神奈川宿跡一帯は「神奈川宿歴史の道」（横浜市神奈川区台町〜新町、約四・三キロメートル）として整備されているので、これまで述べてきた外国領事・公使らの住んだ寺院等を興味深く訪ねることができる。

京浜急行神奈川駅をでると右側に青木橋がある。この橋を渡った真上に米国領事館跡の本覚寺（写真2）がある。日米修好通商条約の立役者米国領事ハリスが下田から移り住んで事務を執ったところである。ハリスは写真2の山門を白ペンキで塗らせたので、よく見ると微かにペンキの跡が今でも残っている。

本覚寺をでて旧東海道に沿って横浜駅方面に少し歩くと、台町の茶屋や神奈川台の関門跡碑を訪ねることができる。

京浜急行神奈川駅脇の青木橋から宮前商店街に入ると、フランス公使館であった甚行寺《じんぎょうじ》やイギリス士官の宿舎であった普門寺《ふもんじ》がある。さらに瀧の川沿いにでると、フランスの領事館であった慶運寺などがある。慶運寺は浦島太郎伝説で知られた寺で、入り口には亀を台座にした石碑が建っており、その脇に旧フランス領事館跡碑がある。

慶運寺の近くの瀧の川ほとりには、イギリス領事館であった浄瀧寺（写真3）がある。また、慶運寺の近くには

写真２　米国領事館跡の本覚寺山門

（著者撮影）

写真３　旧イギリス領事館跡の浄瀧寺

（著者撮影）

写真４　復原された高札場

（著者撮影）

図２　神奈川宿の概略図

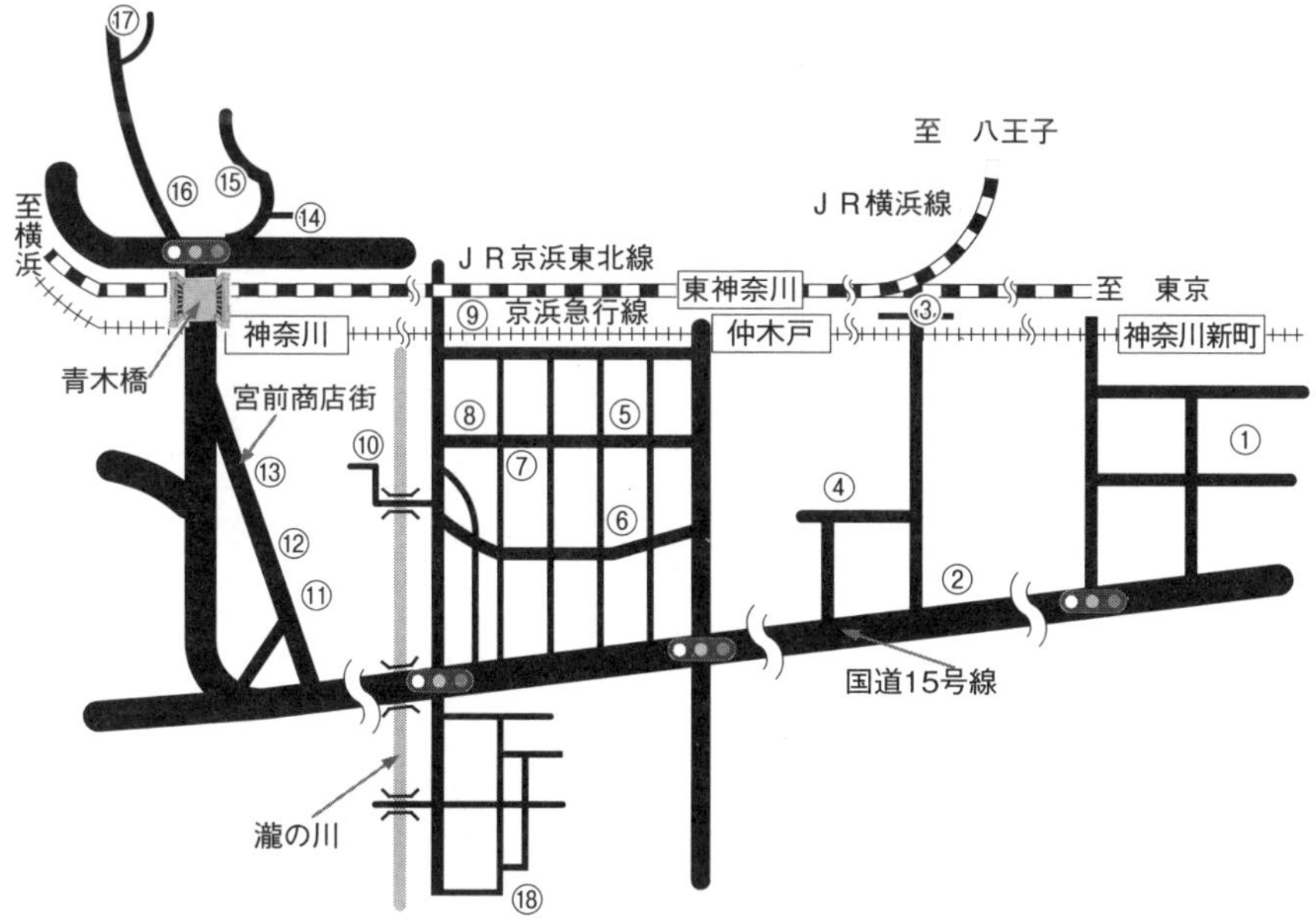

①オランダ領事館　②良泉寺　③笠稗稲荷神社　④能満寺　⑤金蔵院　⑥熊野神社
⑦高札場　⑧成佛寺　⑨慶運寺　⑩浄瀧寺　⑪洲崎大神　⑫普門寺　⑬甚行寺　⑭本覚寺
⑮三宝寺　⑯大綱金毘羅神社　⑰神奈川台の関門跡　⑱神奈川台場跡

成仏寺《じょうぶつじ》というお寺があり、ここはアメリカ宣教師の宿舎にあてられ、ブラウンやヘボン式ローマ字で知られているヘボン博士が一時期過ごした場所である。

成仏寺の近くには横浜市神奈川地区センターがある。このセンターの脇には、幕府の法度や掟を庶民に周知するために設けた高札場がある。かつては神奈川警察署西側近くにあったが、復原して現在の場所に設置（写真４）されている。

国道一五号線を渡り瀧の川に沿って海へ向かって歩くと、幕府が伊予松山藩に命じて建設させた神奈川台場跡の石積みの一部を見ることができる。この台場は勝海舟の技術指導を受けて一年がかりで建設したという。

国道一五号線に沿って川崎・東京方面に向かって歩くと良泉寺《りょうせんじ》がある。この寺には明治時代に生糸商人として活躍した「天下の糸平」こと田中平八（長野県出身）が眠っている。

さらに国道一五号線に沿って川崎方面に少し歩

くと、京浜急行神奈川新町駅近くに神奈川通東公園がある。この公園の中に旧長延寺跡碑と旧オランダ領事館跡碑がある。開港当初、オランダ領事が長延寺を使用していた。長延寺は一九六五（昭和四〇）年に移転するまで、この地に建っていた。

このほかにも旧神奈川宿跡一帯には、いくつもの神社仏閣があり（図2）、往時の東海道神奈川宿がいかに栄えていたかを知ることができる。

3　横浜村の様子と生糸貿易の始まり

1　開港前後の横浜村

開港場に決まった横浜村はどうだったであろうか。村の様子について見てみよう。

開港場に決まった横浜村には、半農半漁の一〇〇戸ほどの農家が生活をしていた。開港場に決まると、閑静な村は、にわかに騒がしくなった。

幕府は横浜村の住民を強制的に移転させ、開港場として整備することにした。横浜村の住民たちは、村ぐるみで開港場に隣接する山手の丘の麓の本村《ほんむら》（現在の横浜市中区元町）へ移った。その後まもなくして居留地と本村の間には、堀川が掘られ隔てられてしまった。農業や漁業の場を失ってしまった住民たちは、山すその細長い土地に追いやられ、幕府から支給された補償金を元手に新たな仕事を始めだした。

現在の商業の街「元町」は、横浜村の人たちの移転によって始まったのである。

2　好運だった生糸貿易の始まり

横浜が開港したころ、ヨーロッパでは蚕の微粒子病（微胞子虫による蚕の伝染病）がまん延し、生糸が不足し困っていた。

例えばフランスの場合についてみると、一八五三年の繭生産量は約二六〇〇万キログラムあったが、微粒子病のまん延によって一八六五年には、約五五〇万キログラムという盛んな時期の五分の一ほどに減少してしまった。イタリアの場合についてみると、蚕糸業の盛んなシシリアやカラブリア地方の一八五〇年ごろの年平均生糸生産量は、約一六～一八万キログラムあった。ところが微粒子病のまん延によって一八六五年には約八万六〇〇〇キログラムに半減してしまっていた。

このようにヨーロッパでは蚕の不作によって繭や生糸が大変不足していた。この不足を補うため、海外からの輸入を望んでいたが、生糸輸出国であった清国（現在の中国）は、アロー戦争（清国とイギリス・フランスとの間に起きた戦争）や太平天国の乱（アヘン戦争後、重税に苦しんで立ち上がった農民の乱）のため、上海貿易が停止しており、清国産の生糸を輸入することはできなかった。

このような国際情勢の中で横浜を開港したので、生糸貿易面からみると、わが国にとっては大変好運な生糸輸出の始まりとなったのである。日本産の生糸が初めてロンドンの市場にでた時には、当時、ヨーロッパで知られているどこの産地の生糸よりも優れていることが認められ、横浜からの生糸輸出が盛んになったといわれている。

横浜に来た外国の商人たちは、品質がよく価格の安い日本産の生糸に飛びつき、大きな利益を上げた。日本側にとっても、外国商人が法外な高値で生糸を購入したので、第1表からもわかるように、大きな利益を上げることができた。

しかし、外国商人（以下「外商」という）が何時も高額で購入するということはなく、買い叩くこともあり、第2

第１表　開港当初の生糸100斤の価格

（単位・両）

年　次	横浜での売込相場	前橋提糸相　場	前橋地方相　場
安政６年	241	133	133
万延元年	337	213	213

第２表　地方生糸100斤の価格の高騰例

（単位・両）

年　次	横浜での売込相場	前橋提糸相　場	前橋地方相　場
慶応３年	567	593	582

注：１斤は0.6kg。（出典：第１表、第２表ともに日本蚕糸業史編纂委員会編『日本蚕糸業史第１巻　生糸貿易史』大日本蚕糸会、1935年）

表のように地方価格の方が横浜取引価格を大幅に上回ることもしばしばあり、横浜の日本人商人たちは大きな損失をすることがあった。また、海外の経済情勢や商社の経営状況により、横浜の生糸取引価格は大幅に低落することがあり、必ずしも高額な取引が常に行われたわけではなかった。

このように、生糸価格の暴落があり、投機的な生糸取引を行っていた日本の商人（生糸売込商）は、大きな損失をかかえ横浜を去った者も多くいた。

３　横浜一港に集中した輸出用生糸とその主な生産地

横浜を開港した当初は、外商にとっても日本の商人にとっても、互いに何が取引できるのかまったくわからない状態であった。

開港当初の外商は商館を持たないで、湾内に停泊している船に寝泊りして取引を行っていた。日本人の商人たちは、金属製品、生糸、絹織物、木綿織物や水油、米麦等の食料品、蝋、麻、漆器、陶器などを無造さに土間や棚の上に置いて外商の様子をうかがっていたといわれている。

外商たちは、このような日本商人の店先から、すばらしい生糸のあることを見出し、高値で買うようになった。外商が高値で生糸を取引することは、たちまち全国に広がり、国内各地からたくさんの生糸が集められ（明治時代に入って製糸工場が発達するまでは、各養蚕産地の農家が自宅で繭から糸を繰り、この生糸を集荷業者に庭先販売していた）、横浜開港場へと運ばれ、重要な輸出品として外貨を稼ぐようになった。

図3　開港当初ごろの主要養蚕地帯

江戸時代に海外へ金銀銅が大量に流出したため、これを防ぐため生糸の輸入を規制し、国内での蚕糸業の普及に努めてきていたので、開港した時には各地に養蚕や織物の産地の基盤が形成されていた。生糸はこれら養蚕産地で買い集められ、横浜へと運ばれて来た。横浜にとっては、すでに生糸生産の後背地ができていたというわけである。開港当初の文久年間（一八六一～一八六三年）に売り込まれた生糸量をみると、奥州・羽州合わせて全体の売込量の約四六パーセント、上州が約二一パーセント、信州が約一〇パーセントで、これらの地帯で七七パーセントを占めていた。武州、甲州などもそれぞれ約五パーセントを占めていたので、東北、関東、甲信地方（図3）が開港当初の大きな産地になっていた。これらの地帯は、明治初めになるとさらに生産量を伸ばし、売込量の約九四パーセントを占めるようになっていった。また、明治一〇年代後半になると、信州と上州の生産量が大幅に伸び、一大生産地を形成するようになった。

　このように生糸輸出が盛んになるにつれ、蚕糸業は国内に広く普及し、わが国の主要産業として発達していったのである。

4　生糸輸入国の移り変わり

　開港当初に横浜へ入港する船は、イギリス国籍の船舶が非常に多く、輸出・輸入額は群を抜いており、一八六四（元治元）年の数値でみると、輸出額の約九七パーセント、輸入額の約八五パーセントを占めていた。

生糸は輸送力の優るイギリスが大量の生糸を運び、ヨーロッパでは当初ロンドンで生糸の取引が盛んに行われていた。

しかし、一八六九（明治二）年、スエズ運河が開通すると、生糸を運ぶ船は地中海に入り、フランスのマルセーユ港で積荷をおろすようになり、リヨンでの生糸取引が盛んに行われるようになっていった。

明治一〇年代後半になると、アメリカが生糸輸出量の五〇パーセント以上を買占めるようになり、輸出先はヨーロッパからアメリカへと変わっていくようになった。このようにアメリカに輸出先が変わった理由は、ヨーロッパでは多少質が落ちても安い清国産生糸を、アメリカは多少高くても質の良い日本産生糸を使い、生産性を高めたいという産業構造上の問題があったといわれている。

4　開港当初ごろの各地の生糸

1　産地によって異なる生糸の束装

横浜を開港すると、各養蚕地帯から様々に束装《そくしょう》した生糸が運び込まれて来た。

提糸

横浜に最も多く運び込まれた生糸は提糸《さげいと》（写真5）であった。この生糸の束装は上州、信州、武州や奥州の三春・会津、越後の小出・堀の内などで行われていた。写真5のように提げられるように束装してあり、結い目は紙で元結《もとゆい》をした。

上州の富岡・下仁田産の提糸は、他の産地よりも特に優れており、これに続いて安中・大間々・前橋の提糸が良かったといわれていた。

提糸は現在の生糸の格付けのように、最上質のものを一番とし、一番1／4、一番1／2、一番3／4、二番……という順番で生糸商標を変え、生糸の品質がわかるようにした。

また、ロンドンやリヨンでは提糸の産地がわからないので、提糸すべてを「前橋」といっていたという。前橋の提糸は、かなりの量がヨーロッパに渡り有名になっていたようである。この提糸束装された生糸は、現在、東京農工大学科学博物館（東京都小金井市）や信州大学繊維学部資料館（長野県上田市）に所蔵されている。

浜付糸

この束装は主に福島県の掛田・保原・梁川《やながわ》などで行われたが、その後、折返糸《おりかえしいと》（写真6）に改良された。

山形県内で束装された浜付糸は、福島のものよりも長手になっており、糸が切れやすいので本造りにはしなかったという。

浜付糸《はまつけいと》も生糸の品質によって格付けをした。上質（一等）のものは、問屋によって呼称は違っていたが「浜」を付けて「勝浜」「正浜」「叶浜」などと呼び、二等は「川張」、三等は「飛太白」、四等は「白糸」といった。特に掛田糸は質の良いものが多かったので、海外でも「掛田糸」としてよく知られていた。

写真5　提糸

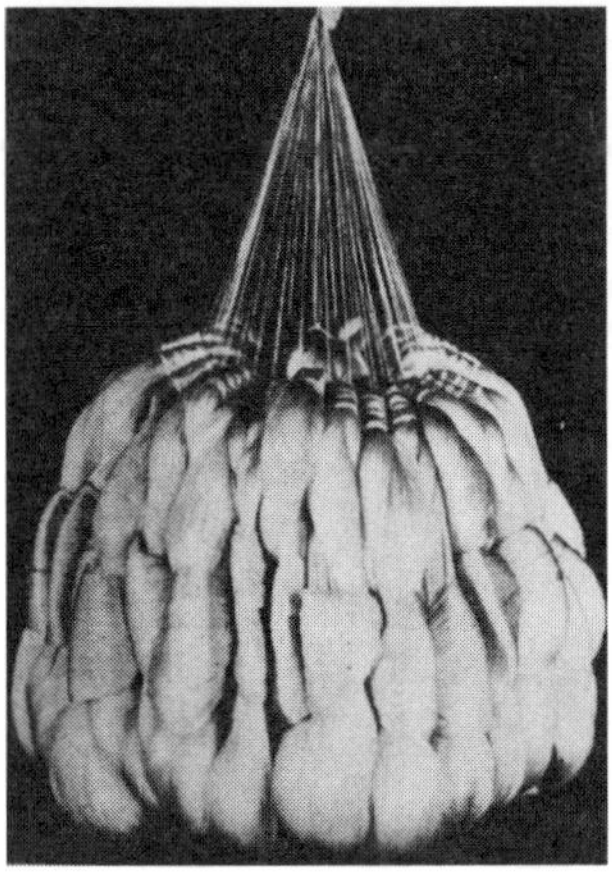

（出典：日本蚕糸業史編纂委員会編『日本蚕糸業史第1巻』大日本蚕糸会、1935年）

写真6　掛田折返糸

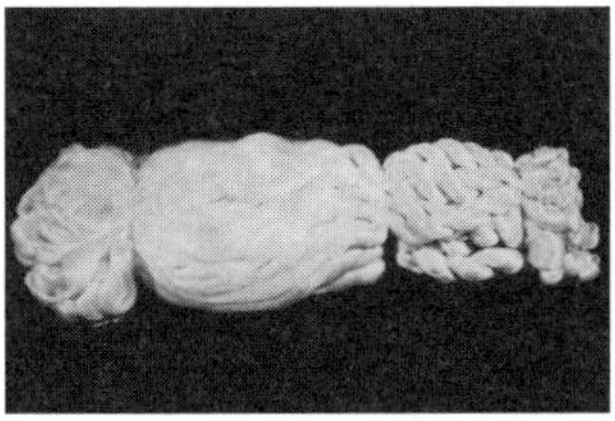

（シルク博物館蔵）

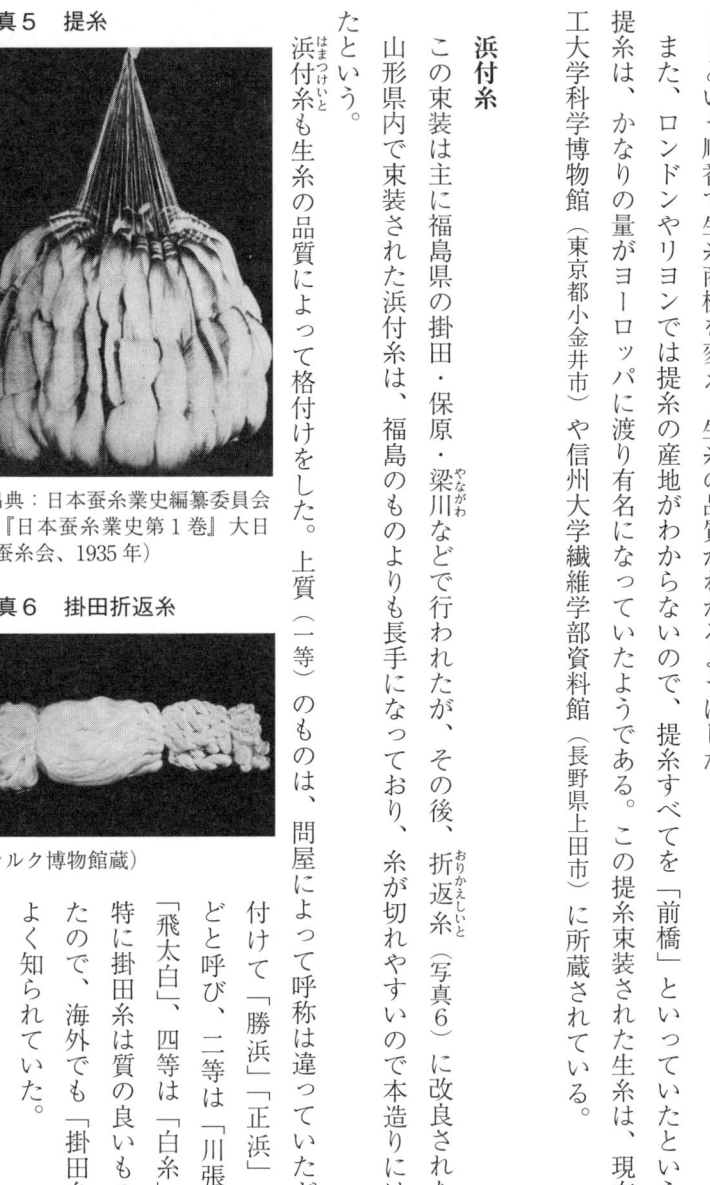

写真7　羽前鉄砲糸

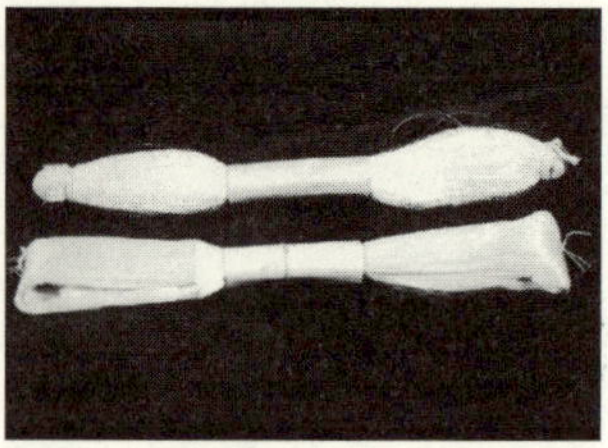

（シルク博物館蔵）

写真8　美濃曽代糸・車造

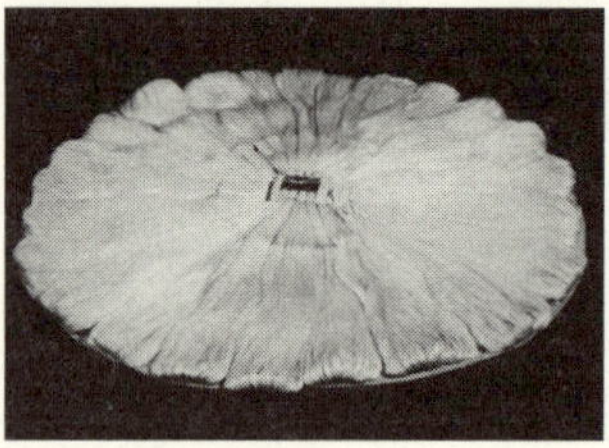

（シルク博物館蔵）

鉄砲糸

この束装は秋田・山形・福島方面で行われ、綛《かせ》の大きさは生産地によって異なり、大小があった。

小綛《こがせ》は志津川・小浜・針道・郡山・相馬・南部・秋田などで、大綛《おおかせ》は掛田・保原・梁川・白石などや米沢・上ノ山・猪苗代・小田付・庄内・越後の五泉で造られた。輸出にはあまり向かない生糸のようであった。

写真7はシルク博物館所蔵の羽前鉄砲糸であるが、掛田折返糸や曽代糸などと同様に束装してから長い年月を経過しているため、劣化が進み同博物館では残念ながら現在、常設展示はされていない。

曽代糸

美濃国（現在の岐阜県）曽代で生産される糸は島田糸（美濃曽代糸）と呼ばれ、写真8は下造りされたものである。

この下造りを「車造《くるまづくり》」といい、これを重ねて一梱《こり》（九貫目、三三・七五キログラム）にしたものを、美濃曽代《そだい》糸の本造といった。

この糸は開港ごろ、糸質のよさが評価され、最初にヨーロッパへ輸出された生糸の一つとみられている。

開港後四〇～五〇年（明治後半）ぐらいまで、京都で使用されていたともいわれている。

三丹州糸

この束装（写真9）は丹波（京都府の一部）・丹後（京都府の一部）・但馬（兵庫県の一部）の三カ国で行われており、繊度が太く五〇～一〇〇デニール（一デニールは九〇〇〇メートル当り一グラムある糸の太さ）ぐらいあった。京都での売買では、奥州生糸は一梱《こり》九貫目（三三・七五キログラム）であったのに対し、三丹州《さんたんしゅう》糸は一〇貫目（三七・五キログラム）以上あったという。

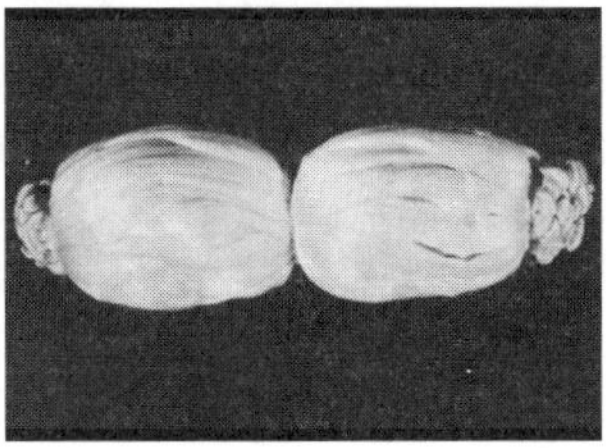

写真9　三丹州糸

（シルク博物館蔵）

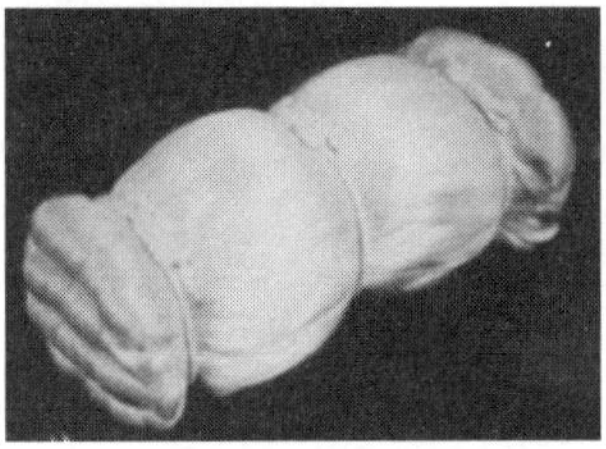

写真10　近江達磨糸

（シルク博物館蔵）

達磨糸

近江（滋賀県）長浜あたりで縮緬《ちりめん》の経糸《たていと》や緯糸《よこいと》に使われた（写真10）。生糸は、初め手挽きで行っていたが、その後、足踏座繰器で製糸をするようになってからは「自転車取糸」ともよばれた。達磨糸には細糸と太糸があり、細糸は二五～三五デニール、太糸は四〇～五〇デニールあった。

その他の産地の生糸

京都でよく使われた「信州飯田糸」をはじめ、糸の太さ六〇～七〇デニールで越後の織物によく使われたという「越後五泉糸」、光沢に難点があったが、栃尾《とちお》紬の経糸に使われたという「越後栃尾《とちお》糸」、大枠で繰糸した長さ一丈五～六尺（約四・五～四・八メートル）もある「越前牛首糸」、達磨糸と同様な造りをした「肥後バラ糸」、繊度が太いため輸出には向かなかったが、京都や長浜でよく使われたという「土佐島田糸」、黒八丈の経糸・緯糸に必要とされた「八王子島田糸」など、国内各地では様々な束装を行って、輸出や国内用として使われていた。

2　生糸の束装の統一

横浜に送られる生糸の束装は、各産地によって前述のようにまったく異なっていた。横浜に最も多く持ち込まれた提糸の束装方法でさえも、生産地によって異なっていたといわれている。

他の生糸の束装方法も提糸同様に生産地によって違いがあった。

写真11　猪口造り糸

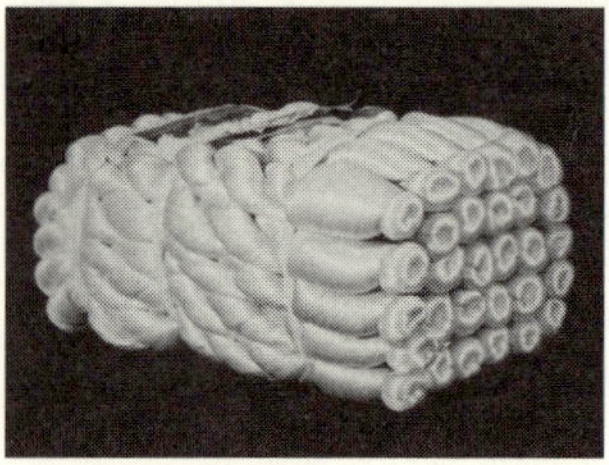

（シルク博物館蔵）

このような多様な束装の生糸では取扱いが煩雑なため、一九七七（明治一〇）年ごろから官営富岡製糸場の洋式の束装方法を改良した「猪口《ちょこ》造り」（写真11）に統一され、輸出されていくようになった。

5　開港当初ごろの生糸輸出抑制策

1　国内の生糸価格高騰と原料不足が招いた織物産地の死活問題

横浜を開港すると、外商が高額な価格で生糸を買いあさったため、国内用の生糸は高値の輸出用生糸に振り向けられ、西陣・桐生・八王子・秩父・郡内・福島・藤岡・足利など国内の機業地帯は、生糸の高騰と原料不足を招き、開店休業の事態に陥ってしまった。桐生の生糸相場を第3表に示したが、開港して一カ月たった七月には、平年の二倍前後の価格に高騰してしまった。

この生糸の高騰によって窮地に陥った桐生の機業界の当時の概況を、次に紹介する。

＊

一八五九（安政六）年七月、「上州桐生領村々（桐生領五四か村とその続きの村々一同）織屋共」として、勘定奉行・大目付に「乍恐以書付国害之儀存内密奉愁訴候」（恐れながら書付をもって国害の儀、内密に存じ愁訴奉り候）の書状を提出し、生糸価格暴騰を抑えるため、外国人に生糸を売り渡さないよう生糸商人どもに仰せ付けてほしいという内容の窮状を訴えた。

この愁訴（苦しみや悲しみを嘆き訴えること）後も、状況は悪くなるばかりで改善されないため、村々の総代などによって愁訴が続けられた。

こうした村人たちの切実な願いとは裏腹に、ますます状況は悪化していったため、ついに安政六年一一月九日、桐生領三五カ村総代の古木四郎兵衛と津久井儀右衛門が死を決して大老井伊直弼、老中間部詮勝《あきかつ》に駕籠訴《かごそ》（幕府の大官や大名の駕籠を待ち受けて直訴すること）を行った。

*

第３表　１両で購入できる生糸量

（単位・匁）

生糸の質	平　年	1859（安政6）年７月
上　物	170 (637.5g)	80 (300g)
中　物	190 (712.5g)	110 (412.5g)
下　物	250 (937.5g)	130 (487.5g)

注：１匁は3.75g。（出典：岡部福蔵『桐生地方史　上巻』愛隣堂印刷所、1930年）

このように、開港当初は桐生をはじめ全国各地の織物地帯が、同様の窮地に追い込まれていた。

結局、開港によって年々地域の生糸価格は高騰し、諸物価の値上がりを招くことになってしまった。

2　五品江戸廻送令の布告と江戸の特権的流通機構の崩壊

幕府は三都（江戸・京都・大坂）の特権商人である問屋層を通して、国内の商品経済を把握する政策をとっていた。

ところが、開港によって貿易が始まると、輸出品の生産が追いつかないため、在郷の商人たちは、特権商人である江戸の問屋層を通さずに横浜へ直送するようになり、特権的流通機構は崩れ、物価は高騰していった。

物資が江戸を通らなくなると、江戸の商業は少なからず大きな影響を受けるようになり、江戸の商人たちは幕府に物資流通の改善を嘆願した。

幕府にとっても、自ら好んで対外貿易の道を開いたわけではなく、諸外国の圧力に屈して開国・開港したまでのことで、国際貿易の経験に乏しく、国内からの物資の急激な流出に憂慮していた。それゆえ、物価統制を理由に輸出規制をすることにし、一八六〇（万延元）年閏三月「五品江戸廻送令《ごひんえどかいそうれい》」を布告、雑穀・水油・蝋・呉服・糸（生糸をさす）を産地から横浜へ直売することを禁止した。

特に、生糸については、江戸糸問屋と横浜貿易商人共同の出店を設け生糸の搬入管理をし、江戸問屋の送り状のないものは摘発することにした。そして、横浜貿易商人は江戸問屋に改め料を支払い、江戸問屋は幕府に運上（現在の関税のこと）を納めるという構想であった。ところが、横浜貿易商人は江戸問屋による流通を嫌い、神奈川奉行を後ろ盾に糸問屋の横浜出店、売渡し口銭《こうせん》（売買の仲介をした手数料のこと）支払いを、強行に反対した。

神奈川奉行も、この輸出規制に対する外国商人からの抗議を恐れ、しかも江戸町奉行の配下にある江戸問屋が神奈川奉行の管轄地に入り込むことを嫌ったため、当初の構想は実現することができなかった。従って、横浜送りの生糸は当初目的とした数量や価格などの規制はできず、江戸問屋が名目的な買主となり、改所《あらためしょ》費用一分五厘程度を徴収して、江戸改所から横浜に流すという規制にとどまってしまった。

3　横浜鎖港問題

幕府は一八六三（文久三）年になると、朝廷から横浜鎖港を命じられたため、外国代表と話合いをした。しかし、諸外国は強く反対し、固く拒まれてしまった。そこで、幕府は朝廷の意向に添うようにするため、生糸の輸出規制を強めようとした。ところが、これも諸外国側の強い反対で実現させることはできなかった。

　このような朝廷と幕府のやり取りをみると、朝廷の権力が増し、幕府の権限が弱くなってきていることがわかる。また、ちょうどこのころは、攘夷派の浪人たちが頻繁に脅迫事件を起こし、世間を騒がせていた時代でもあった。

4　五品江戸廻送令の撤廃

　攘夷派の浪人たちによって天誅を加えると脅迫された商人たちは、横浜から離れるものが多くなっていった。糸問屋も例外ではなかった。同様に脅迫されたため、江戸町奉行に生糸改めの返上を申入れたが、この時は認めてもらうことができなかった。ところが、この間に糸問屋仲間が殺害されるという事件が発生し、とうとう問屋一同は、生糸改めを返上してしまった。

　幕府は、このような攘夷派の浪人たちによる脅迫事件とは別に、一八六三（文久三）年、長州藩による下関海峡通過の外国船砲撃事件の報復としての四国艦隊下関砲撃事件、一八六四（元治元）年の生麦事件（写真12）の報復としての薩英戦争などが起こり、これら諸国に対する対応に苦慮していた。このようなたび重なる事件によって外圧はますます高まり、朝廷から命じられていた横浜鎖港問題は一蹴されてしまった。

　これらの事件による外圧は、輸出規制をめざした五品江戸廻送令にも、大きく影響するようになった。

写真12　1883（明治16）年建立の「生麦事件の碑」

（建立場所・横浜市鶴見区生麦１丁目。著者撮影）

とうとう外圧に押され、一八六四（元治元）年九月、江戸町奉行は糸問屋たちを集め、輸出生糸の買取制の廃止を命じた。このことは輸出規制を解いたことになるので、この「江戸問屋買取制度」の廃止によって、五品江戸廻送令は五年めにして無力化されてしまい、事実上の廃止を意味することになってしまった。

また、今まで江戸問屋に行わせていた江戸問屋買取制度の廃止は、江戸問屋と結んで打ち立てた幕府の貿易規制体制の崩壊を意味するものでもあった。

そもそも生糸や蚕種等の規制については、幕府内でも意見が異なっており、外国奉行や神奈川奉行は江戸問屋で行うのではなく、各生産地での実施を主張していた。

幕府は結局、このような意見を聞き入れ、一八六五（慶応元）年五月から「生糸并蚕種改印制度」を実施し、各産地で品質検査や課税を行うことにし、江戸問屋による検査を廃止してしまった。

この生糸并蚕種改印制度の実施により一八六〇（万延元）年から始まった五品江戸廻送令は、七年めにして名実共に廃止となってしまった。

6　開港当初ごろの生糸取引

1　横暴な外商の取引

横浜を開港すると、各地から一攫千金を夢見て横浜にでて来た商人がたくさんいた。この中で、輸出商（輸出品を扱う商人）を「売込商《うりこみしょう》」、輸入商（輸入品を扱う商人）を「引取商《ひきとりしょう》」といった。

これらの日本人商人は、外国との商いの習慣などまったく知らず、言葉の通じない中で、外商（外国商人）との取引を始めた。

外商も日本語がまったくわからないので、複雑な話になると、漢字など読み書きのできる中国人を通弁（通訳）として取引を行った。心情が通じない相手なので、ごまかされはしないかと疑心暗鬼で取引を行っていた。しかし、外商は資金力があり、取引馴れしているので、常に有利に取引を行い、日本人商人はしばしば泣き寝入りをさせられることがあった。

このような生糸取引の一例として、次のような事例を紹介しておく。

*

図４　小林幾英画『皇国養蚕図会』「繭糸外国輸出の図」1885（明治18）年刊

（横浜開港資料館蔵）

甲府緑町の藤井屋弥助らが開港した一八五九（安政六）年八月に、田口太七に依頼して、生糸三〇〇〇斤（三〇俵。一俵は六〇キログラム）を外商に売ってもらうことにした。田口は早速外商バルベルと売買の約束を行った。

ところが、地方生糸の価格が暴騰し、約束の量を期限内に調達することはできなかった。僅かに甲州島田糸二五〇斤と信州諏訪の粗雑な鉄砲造り糸三〇〇斤、合計五五〇斤（生糸五・五俵分）を調達した。

田口は、この五五〇斤の生糸を持って、バルベルに承諾をえようとした。ところが、バルベルは約束が違うとして大変怒り、しかも鉄砲造り糸は見本とは異なるといって、代金を支払わず生糸すべてを取り上げてしまった。

田口は束装こそ違うが、生糸に変わりはないとして交渉したが、聞き入れてもらうことができなかった。

やむなく運上所に訴えでたが、敗訴となり五五〇斤すべてをバルベルに取り上げられ大損をしてしまった。

＊

バルベルは開港当初の大きな生糸売込商芝屋清五郎（横浜出身）や甲州屋忠右衛門（甲州出身）などの取引でも大きな損害を与えた人物である。このような強奪的な取引は、バルベル一人に限らず、他の外商によっても行われていたが、ほとんどは売込商の泣き寝入りとなってしまっていた。

居留地内で行う通常の生糸取引は、売込商が外商のところに売買交渉に行くと、外商は見本を持ってこさせ「拝見」という品質検査を行う。拝見の結果、数量、価格、納期などを口頭で売込商と契約をする。期限内に契約量全量の生糸を外商の倉庫に搬入し看貫という秤量検査を受け、パスすると代金が支払われた。

このような取引が行われたので、一見問題はなさそうに見えるが、外国の市況が悪い場合などは搬入から秤量検査までの期間を延長し、いっこうに取引をしようとはしなかった。

また、自分たちの都合や状況によっては見本と搬入生糸を見比べて難癖をつけ、買い叩きや取引拒否を行った。この取引拒否のことを「ペケ」といったので、ペケという言葉は横浜から広まった言葉といわれている。

生糸秤量検査では、風袋重《ふうたいじゅう》を重いようにして生糸の過小秤量をするなど、悪質な手口で取引を行う外商もおり、生糸売込商の泣き寝入りになってしまった。このように、この時代は外国の商人の一方的な取引が多く行われていた。

2　外商の一方的取引に対抗した「連合生糸荷預所」

横浜開港以来、生糸売込商と外商との間には、生糸取引で大きな軋轢《あつれき》が生じていた。この原因は前述したような外商の横暴といえる一方的な取引であった。このような外商の不合理な取引を解決し、対等に売買のできる日本側の商権を獲得するため、一八八一（明治一四）年八月「連合生糸荷預所《にあずかりしょ》」（以下、「荷預所」という）を創立し、三九条にわたる荷預所定款を定め、第４表に示した二七名の株主をもって発足した。

この荷預所の頭取には渋沢喜作が、取締役に原善三郎、茂木惣兵衛、朝吹英二、馬越恭平が就任し、同年九月一五日、横浜本町六丁目八四番地において開業した。

開業二日前には、頭取渋沢喜作と取締役四名をもって外商側（会長ウイルキン）に荷預所を設立した旨の通知をして協力を求めた。これに対して、外商側の代表であるウイルキン会長（バビエル商会）ほか三六の商会からは、横暴な荷預所の行為だとして、一切取引を行わないという回答をしてきた。

第４表　連合生糸荷預所株主と持株

株主名	株数	株主名	株数	株主名	株数
原　善三郎	7	堀越久三郎	3	萩野賢太郎	1
茂木惣兵衛	7	上原四郎左衛門	2	新島金兵衛	1
平沼　専蔵	7	高木　三郎	2	山田　駒吉	1
渋沢作太郎	5	渡邊福三郎	2	飯島　勇造	1
馬越　恭平	5	雨宮啓次郎	2	笠原　恵	1
若尾　幾造	5	田部井芳兵衛	1	青木　角造	1
川添源次郎	5	高橋萬右衛門	1	中村　隆郎	1
朝吹　英二	5	川喜田久太夫	1		
中里忠兵衛	4	子安　峻	1		
田中　平八	3	鈴木宇右衛門	1	計 27 名	76

注：１株は 1000 円。
（出典：藤本實也『開港と生糸貿易』下巻、刀江書院、1939 年）

予期しない回答に驚いた荷預所側は、再度外商側に内容を理解の上、協力するように要請した。承服できない外商側は、日本国内の地方荷主に対して、荷預所はギルドで、二、三の商人が特別な利益をえる組織である。一般の商人の妨害になる組織なので、直接外国商館に出荷をして荷預所を立ち往生させるよう誘導の通知文をだし対抗を始めた。

これに対して荷預所も、国内の地方荷主や製糸業者に、今までの外商の一方的な悪徳商法を伝え、自分たちの商権回復を訴える檄文《げきぶん》（相手の罪悪をあげ、自分たちの主張を大衆に告げる文書）をだし、荷預所への協力を求めた。

このようにして、日本商人と外商は対立したまま生糸取引は停止し、両者が攻撃、反駁を繰り返し、泥沼にはまった闘いへと進展していった。

国内の業者は荷預所の闘いに賛同し協力したが、この間、中には違反者が現れ、足並みが乱れ、亀裂を生じることも起こった。

時の米国公使はこの紛糾事態を大いに憂い、同年一一月二日、渋沢栄一・益田孝、外商のウイルキンとウオルシを招き会食をしながら和解に向けた示談を進めた。この結果、渋沢と益田は解決策として共同倉庫を設立するという提案をし、ウイルキンらの同意をえることができ、取引停止から二カ月後、ようやく和解をすることができた。

この結末は日本側の勝利にはならず、単に取引活動を停止していたにすぎなかった。しかし、日本側にとって、外商が開港以来要求していた産地直接取引だけは阻止することができたので、せめてもの救いとなった。

7　生糸の粗製乱造と洋式製糸器械の導入

1　海外の信用を失った粗製乱造の生糸

外国人の横暴な商法ばかりでなく、日本人の中にも外商に対して粗製乱造の生糸を販売する者がおり、諸国から強い非難をあびるようになった。

日本人同士であれば、言葉の壁の問題もなく、問題を起こすようなことはほとんどないが、相手が外国人ともなれば、行き当たりばったりのまったくでたらめな取引を行う者が現れ、問題を引き起すようになった。

日本人商人の中には、開港三～四年ごろから粗製乱造の悪質な生糸を取引するようになり、その手口もだんだんと巧妙さを増していった。

その悪質な手口の事例をあげると、

● 繰糸能率を上げるため、「ブッツケ糸」を造り取引した。切断した糸を繋がずに巻き取り綛造《かせづく》りをしたので、切断場所にくると糸口がでてこない。

● 折返糸のごときは、外側の見える部分は外国人好みの細繊度の糸にし、内部ほど繰糸能率のあがる太い繊度の生糸や不良糸を餡子《あんこ》に詰めた括《かつ》にして取引する者もあった。

● 繰糸能率や綛造りの能率を上げるため、「リャン取り糸」「二つ取り糸」とよばれた糸繰りにより手荒く繰った生糸や二枠の生糸を一綛分に巻き取り、糸口の出ない不良綛糸を造り販売した。

● 生糸の綛や包みに増重加工を施して、生糸重量をごまかして取引する者もいた。

横浜に運び込まれた糸は、主に提糸、島田糸、折返糸、鉄砲糸、長手糸などであった。中でも提糸、折返糸、鉄砲糸の三種類が特に多く持ち込まれてきた。

この中で、最も不正行為の行われた生糸は提糸であった。提糸には紙を巻いた元結部分がある。この紙に白砂を糊付けする、石灰を漉き込む、鉛や鉄片を巻き込むなどの不正な増重処理をした。生糸にニガリや砂糖を付着させて増重することも行われた。生糸の包みの中に、砂・鉛・古釘やこうもり傘の骨片などを隠し入れ増重した例もあった。

● 質の悪い不良糸を混入させた取引も行われた。原料代を安くするため、上繭の中に玉繭を入れて繰糸した節の多い不良糸を売りつけた。

このように、日本人も悪質な行為をしたので、国際的信用を失い、善良な日本人商人の足をすくうことになってしまった。

善良な会社が足元をすくわれた例として、二本松製糸会社（現在の福島県二本松市にあった会社）の米国進出について紹介する。

＊

二本松製糸会社社長の佐野理八は、一八七六（明治九）年一二月、折返糸を改良して米国に試売し、優良な生糸として真価が認められた。翌年には勧業局の保護を受けて、自社の折返糸娘印生糸を同国に大量に輸出し直輸出の基盤を築きあげていった。そこで、自社の生糸を販売するために、米国に支店を置き営業を始めたところ、自社の生糸がいかに優良生糸であっても、福島・宮城の一部業者が、不良な折返糸を造り輸出したため、たちまち汚名高い折返糸となってしまい、営業を続けることは難しくなり、支店を引き上げてしまった。

＊

2　国内へ洋式製糸器械導入

横浜開港によって生糸輸出が盛んになりだすと粗製乱造の生糸が海外に出回るようになり、たちまちのうちに諸外国の信用を失い、輸出は停滞、生糸価格は破格の安値となっていった。明治政府は、生糸や蚕種の粗製乱造防止に努めるが、なかなか思うように改善はされなかった。

このように生糸貿易が低迷する中で、生糸品質改善へ向けて大きな転機となったのが洋式製糸器械と製糸技術の導入であった。

洋式製糸器械導入の第一号は、よく知られている官営富岡製糸場（現群馬県富岡市）と思う人が多いかもしれないが、これよりも早い時期に、上州（群馬県）前橋藩に洋式製糸器械が導入された。これが洋式製糸器械導入第一号である。

前橋藩が藩営の洋式の製糸器械を導入するに至った由来の概略を次にふれておく。

＊

速水賢曹《はやみけんそう》（現・埼玉県川越出身、前橋藩士、後の官営富岡製糸場所長）は、前橋藩の命令を受けて、一八六九（明治二）年九月から翌年四月まで横浜に出向き、諸国との生糸貿易の調査を行い、藩営の生糸販売店を横浜に開設した。速水は横浜での生糸貿易調査の際に、偶然にもスイス国領事館で、領事からロンドンの生糸相場表を見せられた。これを見た速水は、日本の生糸がフランスやイタリアの生糸価格の半値という安さにビックリし、何としても洋式の製糸器械を導入して、品質改善をはからなければならないと痛感し藩主に報告した。

藩主は一八七〇（明治三）年、早速、洋式製糸器械の導入をすることにし、スイス人の製糸技術者ミュラー（イタリアで一三年間製糸教師を歴任）を雇い入れ、同年六月、前橋町細ケ沢《こまがざわ》（現・群馬県前橋市住吉町）で木製の洋式製糸器械三台を製作し繰糸を試みた。これに基づいて同年九月には南勢多郡岩神村（現・前橋市岩神町）に一二台を設置し繰糸を始めた。

＊

前橋藩営の製糸所が開設されると、地元上州をはじめ、作州津山（岡山県）や小田（岡山県）、熊本、信州諏訪・上田（長野県）などの人々が、繰糸技術の習得に訪れた。

このように、前橋藩営の洋式製糸所は、国内各地に洋式製糸技術を最初に伝えた工場であった。

3　民営による洋式製糸器械の導入

前橋藩営製糸所に次ぎ、洋式製糸器械を導入したのが、民営の東京築地入舟町に創設された小野組の築地製糸場（5図）である。

図５　「東京築地舶来ぜんまい大仕掛けきぬ糸を取る図」猛斎芳虎画、小野組築地製糸場

（シルク博物館蔵）

小野組は、大番頭であった古川市兵衛（後の足尾銅山経営者）の発案を受け入れ、前橋藩営製糸所の器械を製作指導したスイス人のミュラーを雇い、一八七一（明治四）年八月（旧暦）にイタリア式六〇人繰りの製糸を始めた。

しかし、小野組築地製糸場は長続きしなかった。一八七三（明治六）年六月に閉場となり、その翌年には小野組は破産してしまった。製糸場は官没となり、民間へ払い下げられ、この製糸器械は信州諏訪に移された。

諏訪では、こうした洋式の製糸器械の導入によって、後に述べる繰糸能率の非常に良い独自の諏訪式繰糸器械を産みだす発端になった。

また、ここに働いていた工女たちは、福島県二本松（現・二本松市）に新設された二本松製糸会社（社長・佐野理八）など数カ所の製糸場に配属され、イタリア式製糸技術を東北地方などに広める発端となった。

4　官営富岡製糸場の建設

明治政府は一八七〇（明治三）年、生糸の粗製乱造防止と品質向上をめざして、洋式の製糸技術を導入し、官営の製糸場を建設することにした。この建設に至った経過などの概要を次にたどってみよう。

日本生糸の粗製乱造に頭を痛めていたイタリアやイギリスの公使館は、こうした日本の蚕糸業の実態を知るために外交官特権を行使し、蚕糸関係の専門家を同行して上州や信州など国内の主要蚕糸業地帯の視察調査を行った。

イギリス公使館の視察調査をみると、書記官アダムスが一八六九（明治二）年に上州・信州へ、翌年にも上州・

信州・越後などへ蚕糸関係の専門家を同行して四〇日にも及ぶ視察を行い、視察の都度、本国へ日本の蚕糸業の実状と問題点・改善点などの報告を行うとともに、明治政府に対しても洋式器械製糸の導入などについての改善点を申入れた。蚕糸業を殖産興業の主要施策として推進しようとしている明治政府にとって、このような外国公使館からの申入れは、無視することができなかった。

官営富岡製糸場の建設に尽力した大蔵官吏の渋沢栄一（現・埼玉県深谷市出身、一八七三年退官、以後実業界で活躍）の『蚕史　後編』（大塚良太郎著）に掲載されている談話を現代文に要約して次に紹介する。

＊

横浜の和蘭《おらんだ》八番館館主カイセンハイメルは、伊藤博文に、日本の生糸は粗造甚だしい。器械製糸工場を一つ建設して見本を示せば、生糸の質は向上し、お互いに利益が増大する。是非とも我々外国人に設立の許可をしてほしいと切望した。これに対して伊藤は、条約に抵触することを理由に断った。すると、カイセンハイメルは、それならば我々が建設資金を出すので、日本政府が監督して製糸工場を建設してはどうかと、再度申入れを行ったが、伊藤はこの申入れも断った。伊藤にしてみれば、これほど外国人が器械製糸工場建設にこだわるということは、相当な利益があがること間違いないだろうと判断した……

＊

という内容が記されている。

このように外国の公使館や外商の申入れに、伊藤は早速、民部省・大蔵省に働きかけ官営製糸場の建設に向けて動きだした。政府の対応は素早かった。一八七〇（明治三）年二月には「官営製糸場設立の議」を決し、官営事業として製糸工場の建設に取りかかった。

建設にあたっては、一八七〇（明治三）年にフランス人技師フランソワ・ポール・ブリュナ（以下「ブリュナ」と

写真13　富岡製糸場

（出典：斉藤泰治編『大日本蚕業家名鑑』扶桑社、1918年再版）

いう）を首長（指導者）として雇い入れ、建設候補地の選定を行い、上州富岡（現・群馬県富岡市）に決定した。ブリュナは、製糸器械購入のため翌明治四年正月フランスに帰国したが、七月には富岡に戻り、施設の建設に取組みだした。

製糸場の設計は、大蔵省が嘱託として雇用した横須賀製鉄所船工兼製図工のエドモンド・バスティアンがあたった。建設工事は一八七一（明治四）年三月に着手し、翌年七月に竣工した。敷地総面積は一万五六〇八坪（約五万一五八六平方メートル）あり、この中に繰糸場・貯繭場・繭乾燥場・貯水所等と工女宿舎・場員宿舎等を完備し、一八七二（明治五）年一〇月から操業した。

ブリュナはフランスからの検査人二名、機械方（機械係）・銅工方・医師・土木絵図師（土木設計士）各一名、工女四名と共に製糸場の技術指導にあたった。このようにして建設に努力し、多くの日本人にフランス式製糸技術を指導した首長ブリュナは、一八七五（明治八）年、雇用満期となり帰国した。

その後、富岡製糸場は、所期の目的である洋式製糸技術を習得する工女の養成や当工場を模範とした製糸工場を全国各地に導入する役割を果たした。

しかし、所期の目的が達してくると、だんだんと企業的性格を強めるようになり、一八九三（明治二六）年九月、民間（三井）に払い下げられた。その後、同製糸場は一九〇二（明治三五）年九月、原合名会社（原三渓経営の会社）に渡り、さらに一九三八（昭和一三）年には片倉製糸紡績株式会社（後の片倉工業株式会社）に譲渡されていった。

太平洋戦争後も片倉工業株式会社によって操業を続けたが、国内の蚕糸情勢の厳しさが続いていた一九八七（昭和六二）年三月、操業を停止し、その後は同社によって大切に保存管理されてきた。

二〇〇五（平成一七）年七月、当製糸場は国指定の史跡にされ、これを契機にすべての建物が富岡市に寄贈され、同年一〇月一日から富岡市の管理になった。富岡市は翌年、敷地を買取し、間もなく敷地は史跡に、創業当初の産業遺産群は重要文化財に指定された。平成一九年一月には「富岡製糸場と絹産業遺産群」としてユネスコ世界遺産の暫定リストに記載され、二〇一四年の世界遺産委員会の登録をめざしている。

官営製糸場の建設は、富岡製糸場ばかりではなく、東京赤坂葵町鍋島屋敷に建設され、一八七三（明治六）年二月に操業した工部省直轄の勧工寮（「寮」は現在の省庁の局にあたる）赤坂葵町製糸場や一八七五（明治八）年に創設された開拓使所管の札幌製糸場（明治一〇年一一月からは札幌紡織場）がある。

勧工寮赤坂葵町製糸場は、スイス人ミュラーの指導でイタリア式製糸器械を導入した。この製糸場が操業すると、三潴《みづま》（福岡県）、小田（岡山県）、北条《ほくじょう》（岡山県）、敦賀（福井県）、山梨、長野、鹿児島、新潟などの要請で、工女の伝習と器械の製作法等の指導を行い、イタリア式製糸技術を広く国内各地に普及する役割を果たした。

5　洋式の紡績技術導入

国内では、明治初めまで大量に出る屑繭や屑糸の加工方法を熟知していなかったので、安く輸出をしていた。ところが、一八七三（明治六）年のウィーン万国博覧会に政府派遣技術員として派遣された佐々木長淳《ながのぶ》がヨーロッパの蚕糸状況を視察して帰国し、日本でも外国で行っている屑糸紡績を行い、付加価値の高い糸にするように内務省に建言した。この結果、官営の紡績工場が各地に建設されるようになっていった。

明治政府は一八七五（明治八）年三月から新町駅屑糸紡績所（現・群馬県高崎市）の建設を行い、一八七七（明治一〇）年一〇月から新町紡績所として操業を始めた。

この他にも堺紡績所、愛知紡績所、広島紡績所（未落成のまま民間会社に払い下げ）など官営の施設が次々と建設開業され、国内の紡績業の礎を築いた。

6　各地で始まった器械製糸と紡績

前述の前橋藩営製糸所、小野組築地製糸場、官営富岡製糸場・赤坂葵町製糸場などは、洋式製糸技術を全国各地に広めたので〝わが国の器械製糸産みの親〟ということができる。

官営富岡製糸場のフランス式製糸器械や小野組築地製糸場・勧工寮赤坂葵町製糸場などのイタリア式製糸器械が全国各地に伝播し、器械の改良が行われ、だんだんと良質な生糸が横浜へ運ばれ、輸出されていくようになっていった。

製糸業の最も発達した信州諏訪地方では、イタリア式とフランス式製糸器械を折衷し、独自の改良（特にイタリア式ケンネルを大型に改良。ケンネルとは繰糸工程で集緒器より上がってきた生糸を集緒器の上に設けた二つの鼓車で集緒器近くに戻し、集緒器から上がってきたばかりの糸と撚り合せ、生糸の抱合と脱水をしながら巻き取る方式をいう）を行って、生糸の走行切断を防ぎ繰糸能率の非常に高い諏訪式繰糸器械を開発し、全国に普及させた。

また、開港当初の生糸の束装は、すでに記述したように、産地によって大きく異なっており、取扱いが煩雑であったが、一八七七（明治一〇）年ごろから官営富岡製糸場の束装を改良した「猪口造り」（写真11参照）が普及し始め、輸出しやすい生糸の荷姿に統一されていった。生糸束装の改良は、官営富岡製糸工場の大きな業績の一つといえよう。

官営の紡績工場も民間に払い下げられ、各地に民間の紡績工場が創設されていった。

第5表には、一九〇七（明治四〇）年以降の紡績絹織糸の輸出量とその価額を示したが、この年代になると今まで屑糸だったものに付加価値をつけた立派な紡績糸に加工され、大量に海外に輸出されていった。

このように、明治初期の洋式製糸技術・紡績技術の導入は、わが国の製糸業・紡績業を大きく発展させることになった。

8 短命に終わった開港当初の蚕種輸出

1 蚕種輸出の始まり

幕府は横浜を開港しても、蚕種の輸出だけは禁止していた。

蚕種は修好通商条約を結ぶ際の「貿易章程」の中の輸出禁止品目には定められていなかったので、公に制限をすることは問題であったが、幕府としては蚕種輸出を行うと、重要な輸出用生糸や国内織物業者用などの生糸生産に大きく影響するのではないかと懸念し禁止をしていた。

しかし、「3 横浜村の様子と生糸貿易の始まり」で記述したように、ヨーロッパでは蚕の微粒子病がまん延しており、蚕種の輸入を強く望んでいた。幕府としては前述のとおり、蚕種は輸出禁止品目ではなかったので、外国から要望があった場合には、わずかな量を対応してきたが、民間人による輸出は許可しなかった。

だが、一八六一（文久元）年ごろから蚕種の密輸が始まり、次第に数量は増加

第5表　紡績絹織糸の輸出量と価額

年　次	数量（斤）	価額（円）
明治40年	18,701	99,419
明治42年	175,077	660,661
大正元年	335,537	1,371,592
大正３年	567,308	2,338,791
大正６年	1,493,335	3,981,523

注：１斤は0.6 kg。（出典：農林省蚕糸局編『昭和14年７月蚕糸業要覧』農林省蚕糸局、1939年）

第６表　日本蚕種の欧州輸入数量

年　次	輸入枚数	年　次	輸入枚数
文久元年	50	慶応３年	950,000
文久２年	約 1,000	明治元年	2,400,000
文久３年	3,000	明治２年	1,400,000
元治元年	450,000	明治３年	1,300,000
慶応元年	3,000,000	明治４年	1,350,000
慶応２年	1,500,000	明治５年	1,250,000

（出典：農商務省農務局『伊佛之蚕糸業』明文堂、1916 年）

し、第6表に示したように、民間人には輸出許可のされていない一八六四（元治元）年には、四五万枚にも及ぶ大量の蚕種がヨーロッパに渡っている（枚は蚕の卵が産みつけられた蚕卵紙の数量で、一枚の厚い和紙で大きさは縦約三五センチ、横約二二・七センチ）。幕府は、もはや密輸を防止することができなくなっていたこととあわせ、外国からの強い要望を、何時までも封じ込めておくことができなくなっていたとみられる。

一八六五（慶応元）年に至り、幕府はとうとう民間人による輸出を認めることにし、伊勢平・芝屋清五郎・浅田十作の三人の商人に蚕種の売込みを許可した。同年五月には鈴木屋安兵衛ら一〇数人からも蚕種輸出の出願があったので、国内で使用しない蚕種に限り輸出を許可することにした。いわゆる民間人（商人）による蚕種の輸出が始まったのである。

しかし外国側は、限定した特定の商人による輸出用蚕種の販売に強く反対をしたため、幕府は同年六月、各国代表に国内の商人ならば誰でも自由に蚕種を販売することができることを通告し、蚕種の輸出制限を公に解除した。蚕種は横浜開港七年目にして、ようやく自由に輸出されるようになった。

2　蚕種の投機的取引と過剰生産

幕府が国内の商人に蚕種の輸出を許すと、外商との蚕種取引が盛んに行われるようになり、蚕種の価格は年々鰻《うなぎ》のぼりに値上がりしていった。蚕種の輸出先は、第7表に示したように養蚕の盛んなイタリア、フランスが主であった。中でもイタリアは、非常に多量の蚕種を輸入した。

横浜開港以来の好景気といわれた一八六九（明治二）年には、蚕種相場が高騰し、原価一〇〇〇円で仕入れた蚕種が、横浜では一〇倍に跳ね上がり一万円で取引されたという。信州須坂地方で蚕種一枚一〇～二〇銭で仕入れたものが、横浜で販売すると一〇円ぐらいになったともいわれている。

翌一八七〇（明治三）年には、前年の取引で味をしめ有頂天になった蚕種製造家や生糸売込商は多額の資金をつぎ込んで大量の蚕種を製造し、横浜に持ち込んだ。

第７表　蚕種の輸出先と輸出割合

（単位・％）

年　次	輸出総数（枚）	イタリア	フランス	その他
明治 6年	1,410,809	58	31	11
明治 7年	1,335,465	60	33	7
明治 8年	727,463	69	23	8
明治 9年	1,018,525	66	16	18
明治13年	530,452	75	25	0
明治14年	374,498	85	15	0
明治15年	177,240	75	25	0
明治16年	75,091	87	13	0
明治17年	59,785	76	23	1
明治18年	41,653	47	53	0

（出典：横浜市『横浜市史第３巻　上』横浜市、1970年再版）

ところが、生糸や蚕種取引の多いフランスが、普仏戦争（一八七〇～七一年、プロイセンとフランスとの戦争。独仏戦争ともいう）に敗れ、取引を停止したので、わが国の経済はたちまち不況に陥り、蚕種・生糸などが暴落していった。上州伊勢崎町の蚕種商は、郷里から持参した蚕種が売れ残り、これを悲観して横浜で割腹自殺をしたという悲劇なども起こった。

一八七一（明治四）年の蚕種価格は前年の一〇分の一以下に暴落したため、蚕種を主体に大量に扱っていた生糸売込商の多くが倒産していった。

横浜開港当初から大きな生糸売込商として活躍していた甲州（山梨県）出身の篠原忠衛門（甲州屋）も、蚕種取引に集中していたので、大きな負債を抱えてしまい、横浜を引払ってしまった一人である。同様に各地の多くの蚕種家も致命的な損害を蒙り、倒産者が続出した。

一方、ヨーロッパでまん延していた微粒子病は、パスツールの研究により一八七二（明治五）年ごろから終息期に入り、自国で蚕種製造ができる方向に向かっていた。それにもかかわらず、蚕種輸出熱は冷めるどころか、ますます上る勢いであった。

一八七二（明治五）年には小野組が蚕卵紙の買占めを行ったため、これを知った多くの養蚕農家は蚕種製造農家に転身した。ところが値段が暴落し、大きな損害を蒙ってしまった。

この暴落状況をみると、当時糸繭（生糸にする繭）一石（約三七・五キログラム）が一五～一六両（「両」は明治時代には俗に「円」と同義に用いられていた）であったものが、種繭《たねまゆ》（蚕種製造用の繭）となると一石五〇～八〇両にもなったので、養蚕農家は蚕種製造農家になり、大量の蚕種製造を行った。ところが蚕種は生産過剰になり、かつては蚕卵紙一枚七～八両していたものが、天保銭一枚（一銭にも満たない八厘という貨幣価値）というような価格に暴落してしまったため、倒産する者が続出した。

3　国内商人の悪徳商法

先述のとおり蚕種輸出が禁止されていた幕末時代に、役人の目を逃れて蚕種の密輸を行う日本人の商人たちがいた。

この中には、大変ずる賢い日本人がおり、悪事を働いた者がいた。この例を次に紹介する。

＊

京都生まれという何某は、横浜居留地四十七番館のチークロから蚕種の注文を受け、手付金千両を受取って買付けに向かった。といっても、最初から買付ける意思などなかった。八王子で産卵紙（蚕の卵を産ませる専用の厚紙）を購入し、これに菜種を糊付けして、ぬけぬけと四十七番館へ納品した。後でチークロが納品された蚕種をよく見ると、菜種であることが判り、カンカンになって怒ったが、幕府禁制の品であるのでどこにも訴えることもできず、何某は京都に逃亡、チークロは泣き寝入りをしたという。

＊

蚕種輸出が盛んになると、外国人がまったく希望しない夏蚕卵を春蚕卵のように見せかけるため、青く染めた卵の取引や夏蚕卵に火熨斗《ひのし》（炭火を熱源とする現在のアイロンのような道具）をかけ、孵化《ふか》しない蚕種にして取引をする奸商《かんしょう》（心の正しくない商人のこと）もいた。

この外にもさまざまな不良な蚕種の取引を行ったので、外国からの非難の声が日増しに高まり、政府は対策として不正蚕種の取締に力を入れだした。また、政府は蚕種の輸出量が減少しだすと、生産調整のための規制にも力を入れ、価格維持につとめた。

写真14　1874（明治7）年輸出用蚕卵紙焼却の光景

（出典：池田榮太郎『日本蚕病消毒法　完』丸山舎本店、1903年）

4　輸出用余剰蚕種の処分と蚕種輸出の終焉

イタリアやフランスは、明治時代初めになると、微粒子病がだんだんと減少し、イタリアでは大蚕種製造会社を設立し、輸入を減らす方向に動きだしていた。

また、わが国の蚕種は粗製乱造品の混入もあって、外商も買い控えを行うようになり、輸出用蚕種は供給過剰になり、価格の暴落で倒産する商人、負債がかさんで投身縊死《いし》（首吊り自殺）等する者も後をたたなくなった。

内務省は、一八七四（明治七）年、余剰となった蚕種の処分に、原紙払下代金八万五〇〇〇円余を使って、横浜に集まった蚕卵紙四四万五五〇〇枚余を横浜吉原町（現在の横浜公園）で焼却処分し（写真14）、蚕種業者の救済にあたった。

翌明治八年には横浜に七九万八九〇〇枚余が持込まれたが、約六六万九〇〇〇枚余を輸出し、残りの約一二万九〇〇〇枚は各蚕種製造地へ積戻し、約九〇〇枚を横浜で摺り潰した。

一八七六（明治九）年は余剰の蚕種を内地積戻しで急場をしのいだが、翌年には三一万二〇〇〇枚余を、翌一八七八（明治一一）年も一八万枚を横浜公園で竹篦《たけべら》を使って摺り潰した。

蚕種ブームにわいた国内も、明治一〇年代半ばになると、前掲の第7表からもわかるように輸出量は大きく減少し、明治一六、一七年ごろには、わずかな輸出量となり蚕種貿易は終焉を迎えてしまった。

9　横浜への絹の道

1　陸路による生糸の輸送

生糸は横浜を開港する以前は、養蚕地帯から各絹織物の産地へ運ばれていた。特に西陣を控えた京の都へ向かって運ばれた生糸は「登糸《のぼせいと》」といい、東北・関東・東海・近畿・中国地方など全国各地で生産され運ばれていった。いわゆる京へ向かう「絹の道」ができていたといえる。

横浜が開港されると、この港からたくさんの生糸が輸出されるようになり、京や各地の織物産地へ向かった絹の道は、横浜へ向かう道に変わってしまった。

江戸時代に、東海道・中山道・甲州街道・日光街道・奥州街道の五街道が整備され、江戸へ向かう幕府直轄の道が整備された。この街道には一里塚が築かれ、二から三里（一里は約三・九三キロメートル）ごとに宿場（宿駅）を置いて、宿泊できる施設を設けた。北国街道、中国街道、伊勢街道、長崎街道やその他の脇街道などにも五街道と同じような制度がとられ、国内の主要な街道は整備されていた。

地域住民が近村や峠越しに遠方に出向く生活・連絡道的な道は、十分に整備されていないにしても、各地に通じていたので、横浜へ向かう道はすでにでき上がっていたといえよう。しかし、入海と沼地にさえぎられた横浜に入る道だけはなかったので、開港の際に東海道から「横浜道」を新設整備し全国からの絹の道はつながった。

ここで「絹の道」の定義とまではいわないが、著者の考え方を読者に示しておく。

結論からいうと、一般的には、各養蚕地帯の農家（農家は製糸工場ができるまで、養蚕を行い、できた繭から生糸を繰り販売していた）の庭先をでた道から絹の道は始まり、特定の道や特定の区間だけをさすものではない。全国各地の養蚕地帯から横浜へ向かった道は、生糸輸送量の多少にかかわらず、すべて絹の道である、と考えている。

ただし、例えば東京都八王子市のように「絹の道」として指定しているところもあるので、指定された絹の道と一般的な絹の道とがあるが、両者を特に区別する必要もないと思っている。

最近、各地に出かけると、地域おこし・町おこし・村おこしのために「〇〇絹の道」「〇〇シルクロード」などと名付け、地域活性化の活動を展開しているところが多くみられる。

図6には、横浜開港ごろの東北・関東・甲信地帯から横浜への絹の道として想定される道路を示した。特に生糸輸送等について記録がない道については、開港ごろからの養蚕地帯や生糸集散地などの状況から、絹の道と

写真15　八王子市鑓水にある市指定の「絹の道」

（著者撮影）

図6　東北・関東・甲信地方から横浜への絹の道概念略図

して利用されたことを想定して辿ってみた。

同じ道であっても地域によって呼び名が違っている。例えば、福島県会津から大峠を越え栃木県に向かう道を、会津地方の人々は下野《しもつけ》街道といい、栃木県の人々は会津中街道と呼んでいる。福島県山口から沼山峠を越え群馬県戸倉・鎌田・沼田方面に通じる道は、福島県側からは沼田街道といい、群馬県側からは会津街道と呼んでいる。同じ道でも、このように遠方の地域名を付して街道名にしている場合が多くみられる。

生糸はこのような道を利用して横浜に運ばれた。しかしその後、鉄道やトラック輸送の発達によって陸運も大きく変化をしていった。

2　水運による生糸の輸送

日本の内陸部は急峻な地形のところが多く、大量の物資を輸送するのには、陸路を使うよりも水上輸送の方が適していた。

水運は律令時代からの貢物《みつぎもの》の輸送に使われだし、平安時代の荘園年貢の輸送からは本格的になったといわれている。

商品流通量の多くなった鎌倉・室町時代になると、各地の河畔沿岸に港湾が発達し、問丸《といまる》という専門業者も起こった。

江戸時代に入ると、大坂（明治初期以降は大阪）と江戸との航路が発達し、これと共に、各地の河川や湖沼が水運として利用され発達していった。例えば利根川の場合をみると、鬼怒川や烏川《からすがわ》・渡良瀬川などの支流を含めてたくさんの河岸が発達した。

福島の三春・二本松などで集荷された生糸は、鬼怒川上流の阿久津・板戸河岸などで船積みされ、下流の小森・中村・山王などの河岸まで運んで陸揚げし、利根川の境河岸へ駄送、境河岸から舟運（図7）で江戸へ運んだ。

利根川支流の烏川には大きな倉賀野河岸（図7、写真16・17）があった。

図7　利根川等の水運略図

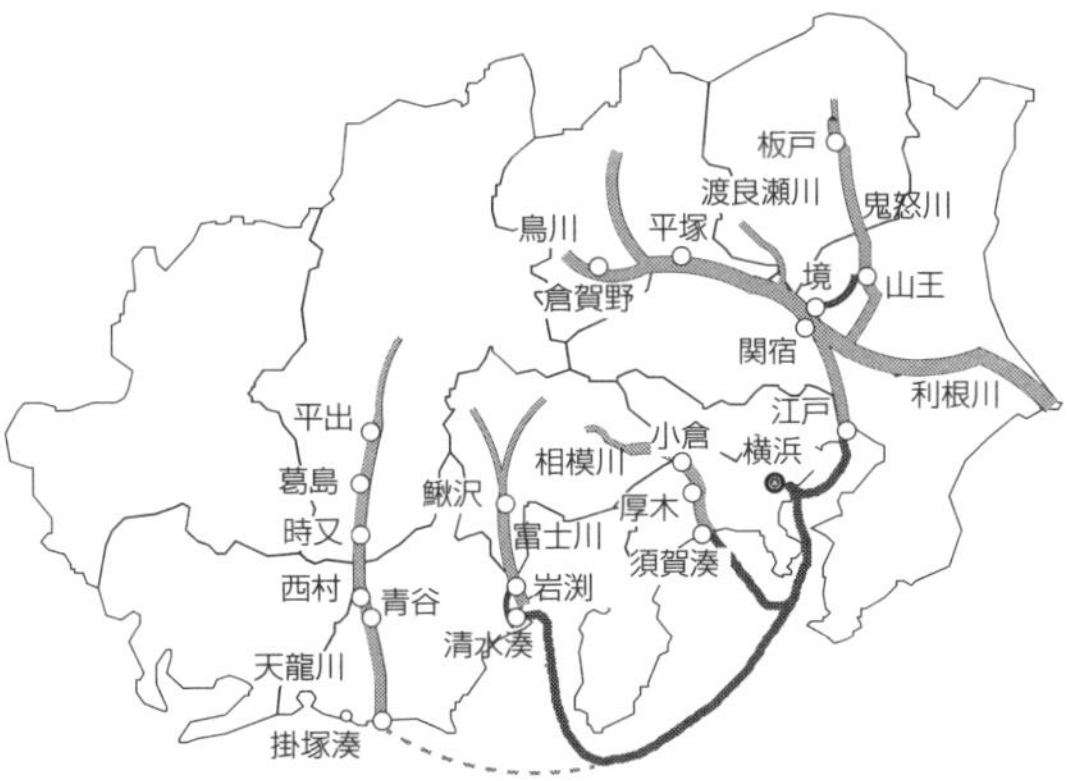

写真16 「倉賀野河岸跡」碑

（設置場所・高崎市烏川共栄橋近く。2001年6月著者撮影）

写真17　倉賀野河岸跡の船着銘石

（設置場所・共栄橋近く。2001年6月著者撮影）

第8表　明治10年代の倉賀野・平塚両河岸の蚕糸類積出量

（単位・貫）

河岸	品　目	明治12年	明治13年	明治14年	明治15年	明治16年
倉賀野	蚕　糸	88,420	75,881	63,690	74,990	36,650
	熨斗糸	——	16,520	37,846	5,430	——
	生皮糸	26,652	23,428	9,604	37,756	17,752
	出殻繭	——	——	——	21,420	20,710
	蚕　種	——	340	——	530	680
	繭	3,031	1,177	——	——	——
平塚	蚕　糸	27,900	24,885	17,830	32,030	48,157
	熨斗糸	20,480	45,508	20,108	6,830	58,937
	生皮糸	25,712	21,530	10,341	——	7,380
	出殻繭	——	——	2,977	2,742	3,868
	蚕　種	——	——	——	150	——

注：１貫は3.75kg。（出典：群馬県『明治十六年群馬県統計書』群馬県、1885年）

倉賀野は中山道と例幣使《れいへいし》街道（江戸時代、毎年、日光東照宮の例祭に朝廷からさし遣わされた例幣使が通行した街道）などが合流するところであったので、古くから栄えた河岸で、この河岸からは地元近在をはじめ信州・甲州・越後等の生糸が集積され江戸へ積みだされていった。

利根川本流にも数多く河岸があり、生糸をはじめ多くの物資を関宿（図7）から江戸川に入って江戸へ積みだされていたとみられる。

中でも利根川の平塚河岸や支流の倉賀野河岸は大きな河岸で、生糸をはじめたくさんの物資を、江戸へ積みだしていた。第8表に倉賀野河岸と平塚河岸の蚕糸類の積出量を示したが、蚕糸（生糸）や生皮糸（繰糸の際に繭から糸口を出すためにすぐり取った屑糸のこと、生皮苧《きびそ》ともいう）・熨斗糸《のしいと》（生皮苧を太い糸状にしたもの）は非常に多く積みだされていった。これらの行き先は不明であるが、江戸を経由して横浜へ運ばれたことは間違いないであろう。この両河岸からの生糸積出量だけをみても、年によっては群馬県の生糸生産量を大きく上回っており、群馬県以外の生糸も多く運んだことが推察できる。

山梨県を源流とする相模川や富士川（図7）も生糸等の輸送に使われた。

相模川の水運は勝瀬や小倉河岸などで物資が積み込まれ河口の須賀湊（写真18・19）で、富士川（図7）は、鰍沢《かじかざわ》などで積み込まれた生糸などは清水湊に近い岩渕河岸まで水運で輸送され、岩渕から清水湊へ陸送後、清水湊から海を使って運ばれたといわれている。

写真18　1966（昭和41）年建立の「須賀湊碑」

（設置場所・平塚市内・平塚漁港脇の朝霧河畔緑地。2001年9月著者撮影）

写真19　須賀湊の「舟繋石《ふなつなぎのいし》」

（設置場所・平塚漁港脇の朝霧河畔緑地。2001年9月著者撮影）

信州諏訪湖を源流とする天龍川でも、舟運が行われていた。しかし、生糸を輸送したか否かは不明であるが、富士川などと共に、一六〇〇年代初めに幕府の命令を受けて角倉了以《すみのくらりょうい》によって水路が開かれ、幕府に納める物資などの輸送を行っていた。横浜開港後、信州の駒ヶ根や飯田地域は大きな養蚕地帯として発達したので、大量の生糸は、安全を優先させ、遠距離の中山道や甲州街道等ばかりを使って、わざわざ迂回して横浜へ運んでばかりいたのだろうか。今後、この地域の詳細な水運調査が待たれる。

3　鉄道・トラックによる生糸輸送

明治五年新橋—横浜間に、初めて鉄道が開通した。その後、第9表に示したように、養蚕地帯の各地に向けて鉄道が敷設されると、河川や陸路等による生糸輸送は姿を消し、鉄道輸送へと変わっていった。

一八八三（明治一六）年に上野—熊谷—新町間が開通し、埼玉の生糸供給地に鉄道が入り込んだ。翌年には高崎を越え前橋まで鉄道が延長され、群馬県の主要な生糸供給地へと伸びていった。ここまで鉄道が敷設されると、今まで水運で繁昌していた利根川の河岸は、衰退を余儀なくされていった。

一八八五（明治一八）年には高崎から横川までの信越線が敷設され、安中などの生糸産地を広く取り込んでいった。

第９表　鉄道の敷設

開始年月	開通区間（開通線）
明治 5年10月	横　浜―新　橋
明治16年12月	上　野―新　町（高崎線）
明治17年 5月 明治17年 8月	新　町―高　崎（高崎線全通） 高　崎―前　橋（上越本線）
明治18年 7月 明治18年10月	大　宮―宇都宮（東北本線） 高　崎―横　川（信越本線）
明治19年 8月 明治19年12月	直江津―関　山（信越本線） 宇都宮―黒　磯（東北本線）
明治20年12月	黒　磯―塩　釜（東北本線）
明治21年11月 明治21年12月	小　山―桐　生（両毛線） 関　山―軽井沢（信越本線）
明治22年 7月 明治22年 8月 明治22年11月	新　橋―神　戸（東海道線全通） 新　宿―八王子（中央線） 桐　生―前　橋（両毛線全通）
明治23年11月	塩　釜―盛　岡（東北本線）
明治24年 9月	盛　岡―青　森（東北本線全通）
明治26年 4月	横　川―軽井沢（信越本線全通）
明治32年 5月	福　島―米　沢（奥羽本線）
明治34年 4月	米　沢―山　形（奥羽本線）
明治35年12月	篠ノ井―塩　尻（篠ノ井線全通）
明治36年 6月	八王子―甲　府（中央線）
明治38年11月	甲　府―岡　谷（中央線）
明治39年 6月	岡　谷―塩　尻（中央線全通）
明治41年 9月	八王子―東神奈川（横浜線）

（出典：鉄道百年略史編さん委員会編『鉄道百年略史』鉄道図書刊行会、1972年／三宅俊彦『日本鉄道史年表〔国鉄・ＪＲ〕』グランプリ出版、2005年より著者作成）

一八八七（明治二〇）年には東北本線が塩釜まで、一八九一（明治二四）年には青森まで敷設され、一九〇一（明治三四）年には奥羽本線が全通するなど、東北地方の主要生糸供給地を取り込んだので、鬼怒川の水運や東北からの陸送は、衰退してしまった。

信越本線は碓氷トンネルの難工事で遅れていたが、その先の軽井沢―上田―長野―関山―直江津の敷設工事は一八八八（明治二一）年に終わり、一八九三（明治二六）年、ようやく横川―軽井沢間の敷設が完成し、信越本線の全線開通をみた。この開通によって長野県の東信・北信地域や新潟県の生糸供給地は、鉄道によって横浜へ輸送できるようになった。

長野県諏訪地方などからの生糸は、中央線が開通するまで、和田峠を越え中山道などによって信越本線田中駅へ、その後一八九六（明治二九）年に大屋駅が開業すると、田中駅にかわり、ここから横浜へ輸送を行うようになった。一九〇三（明治三六）年には、中央線が甲府まで延びたので、山梨県の生糸生産地は鉄道によって横浜へ輸送することができるようになった。さらに二年後の一九〇五（明治三八）年には岡谷駅が、その翌年には全線が開通し、大生産地岡谷をはじめ信州南信地方の生糸も、中央線で横浜へ輸送できるようになった。

絹の道ならぬ「絹の鉄道」といわれた横浜線は、横浜の生糸売込商原善三郎・茂木惣兵衛らの開設運動によって始まり、一九〇八（明治四一）年に開通した。

このように、全国に鉄道の輸送網が張り巡らされたことによって、絹の道は鉄道に変わっていった。

関東大震災後は、神戸港からも生糸の輸出がされるようになったので、神戸に向かう鉄道による絹の道も開かれた。

太平洋戦争後も各地の生糸は、鉄道によって横浜や神戸へ輸送された。

しかし、昭和三〇年代に入ると、道路整備とあいまって、トラック輸送が発達しだし、鉄道に代わってトラック輸送時代を迎えることになった。

10　度重なる明治期の蚕糸不況

横浜開港以来、貿易が盛んになりだすと、海外の政治や経済状況に大きく影響されるようになった。

鎖国時代には、まったく考えられないような経済不況にたびたび見舞われ、この苦境を乗り切りながら、日本の経済は発展をしてきた。

それでは、明治初めごろからの大きな経済不況と蚕糸業への影響について概要を述べることにする。

1　一八七〇（明治三）年後半からの不況

一八六九（明治二）年は、開港以来の好景気であったといわれている。

生糸や蚕種などの輸出品は高値で取引され、特に蚕種の値段は法外な価格で取引された。「8　短命に終わった開港当初の蚕種輸出」で述べたように、原価一〇〇〇円の蚕種が、横浜では一万円で取引されたという例やこれ以上になった例があるように、いかに利益が上がったかがわかる。

ところが、フランスが普仏戦争に敗れ（一八七〇年九月二日、ナポレオン三世降服）、輸入は停止されると、輸出品は暴落し始め、特に蚕種に至っては前年の一〇分一以下に暴落するという事態を招いた。値上がりを見込んで仕入れた蚕種はゴミ屑同様になってしまい、大きな負債を抱えた商人は横浜から消えていった。この蚕種販売事業に手をだした商人の中には自殺者もでてしまった。

2　松方財政と国内の不況

一八七七（明治一〇）年の西南戦争（西郷隆盛らが起こした反乱）後に、激しいインフレーションが起こり、財政困難に陥ってしまった。政府は一八八〇（明治一三）年には酒造税などの値上げ徴収を行い、官営工場の払い下げ方針を決めるなど、財政や紙幣整理に着手し始めた。

翌一八八一年、松方正義（一八三五〜一九二四年）が大蔵卿に就任すると、増税によって歳入の増加をはかる一方、歳出を徹底的に削減し、厳しい緊縮政策を実行したので、米・繭・生糸等の価格が暴落し、全国的に深刻な不況に陥ってしまった。

このような国内の不況が続く中、追い討ちをかけるように、一八八三（明治一六）年に起こった世界的不景気の影響を受け、翌年は、糸価がさらに暴落、輸出停滞（第10表）で大変な不況になってしまった。

生糸価格の暴落・輸出停滞に直接影響した原因は、この世界的不景気の中でも特に生糸取引量の多い米国の不況であった。大統領選で民主党のグロヴァー・クリーヴランドが当選（第二二代大統領）し、産業度外視の浮き立ち騒ぎとなっていたところに、一八八三年からの世界的不景気の影響を受けた産業はたちまち停滞し、倒産の続出、倒産額の増大という不況に落ち込んでしまった。

生糸輸出量の約半分は、米国に向けられるようになっていた時期なので、米国の不況の影響をまともに受けてしまった。

3　米国の経済恐慌等による一八九〇（明治二三）年からの不況

一八九〇（明治二三）年、下半期のニューヨーク為替相場の変動により、対米取引が停滞して、さらに悪いことに、米国は同年一一月から経済恐慌に陥ったため、同国への輸出はまったく滞ってしまった。このころの欧米では、木綿・毛等との交織が流行し、絹の需要が減退している時期でもあったが、ヨーロッパの諸国でも金融が逼迫しており、フランスは生糸輸入を休止してしまった。

このような世界不況と繊維需要の変化に、生糸相場は一八九〇（明治二三）年下半期から翌年にわたり暴落し、輸出の停滞を招き、蚕糸業界は大きな打撃を受けた。

4　米国の購銀条例廃止による不況

一八九三（明治二六）年にも恐慌的な生糸暴落をしている。

この年のフランス向け輸出は、前年にも増してよい状況であったが、米国の購銀条例の廃止によって、銀貨は大暴落、為替相場の変動が大きく安定しないため、輸出は抑制され、生糸の暴落

第10表　明治17年の生糸暴落状況

6月価格	9月価格	9月価格の6月比
670円	565円	▽ 16%

	生糸輸出量
明治16年	3,131,536 斤（A）
明治17年	2,099,081 斤（B）
前年比	▽ 33%（B/A × 100） 《輸出額▽32%》

注：生糸価格は「信州太一番」の 100 斤当りの値段。1斤は 0.6kg。
（出典：蚕糸絹業之日本社編纂『昭和4年度版　世界蚕糸絹業年鑑』蚕糸絹業之日本社、1929 年／前掲『昭和 14 年7月　蚕糸業要覧』1939 年）

第11表　1893（明治26）年の生糸暴落状況

4月価格	10月価格	10月価格の4月比
985円	740円	▽25%

	生糸輸出量	生糸輸出額
明治25年	5,431,478斤（A）	36,320,681円（C）
明治26年	3,715,163斤（B）	28,173,979円（D）
前年比	▽68%（B/A×100）	▽78%（D/C×100）

注：生糸価格は100斤当りの値段。（出典：前掲『昭和4年度版　世界蚕糸絹業年鑑』／前掲『昭和14年7月　蚕糸業要覧』）

第12表　1896（明治29）年の生糸暴落状況

前年9月価格	4月価格	4月価格の前年9月比
930円	625円	▽67%

	生糸輸出量
明治28年	5,811,533斤（A）
明治29年	3,918,994斤（B）
前年比	▽67%（B/A×100）

注：生糸価格は「上州一番」の100斤当りの値段。（出典：前掲『蚕糸業要覧』1931年／前掲『昭和4年度版　世界蚕糸絹業年鑑』）

を招いてしまった。第11表からもわかるように、生糸輸出量は前年比約三二パーセント減、生糸輸出額は約二二パーセント減と落ち込み、養蚕農家をはじめ蚕糸業界は、厳しい経営状況に追い込まれてしまった。

5　日清戦勝の好景気の反動による不況

一八九四（明治二七）年、日清戦争に勝利し好景気にわいていたが、この反動が早くも一八九六（明治二九）年に起こり、第12表からもわかるように、生糸は大暴落をした。

この暴落原因も米国の不景気に起因していた。

米国では昨年来、絹織物の消費が増大することを見越して、機業の設備投資を行い、事業の拡大を進めていた。

ところが、織物の盛んなフランスでも同様に機業の事業拡大に取組んでいたため、供給過剰を招く結果になってしまった。また、ベネズエラ干渉（米国がベネズエラの内戦によって被害を受けた英国・ドイツなどの外国資産補償問題を調停し、ベネズエラが勝訴）で、米国と英国との国際的感情のもつれから、英国資本が米国から引上げたため、米国内の金融に大きな影響を与えるなど、たちまち米国は不況に追い込まれ、第12表に示したように、わが国からの輸出生糸にも大きな影響を及ぼし、輸出量・相場価格とも約三三パーセント下落してしまった。

6　一九〇〇（明治三三）年の豊作貧乏と内外における絹消費の減退

ヨーロッパでは南アフリカ戦争（一八九九～一九〇二年。英国は南アフリカのトランスヴァール共和国との戦争で勝利し、南部アフリカ一帯の覇権を確立した）の不安から物価の低落と絹離れという悪条件が重なり、一九〇〇年から生糸の価格は低落してしまった。

一方、国内では、横浜市場で度量衡問題から売買両者の間で紛争が起こり、生糸市場の人気を落としてしまった。また、為替相場の低落、荷為替の日歩の値上げが行われ、さらに、内地の生糸消費の大きな落ち込み（前年に比較し三五パーセントの減少）、豊作による繭の増収などのマイナス要件が重なったために、第13表からもわかるように、生糸の暴落（前年比四二パーセント減）と輸出の停滞（輸出額前年比二八パーセント減）を招いた。

第13表　1990（明治33）年の生糸暴落状況

前年11月価格	10月価格	10月価格の前年11月比
1,310円	765円	▽42%

	生糸輸出量
明治32年	5,946,911斤（A）
明治33年	4,630,903斤（B）
前年比	▽22%（B/A×100） 《輸出額▽28%》

注：生糸価格は100斤当りの値段。（出典：前掲『蚕糸業要覧』1931年／前掲『昭和4年度版　世界蚕糸絹業年鑑』）

7　一九〇七～一九〇八（明治四〇～四一）年の米国の経済恐慌と蚕糸不況

さらに一九〇七（明治四〇）年の半ば過ぎから米国で経済恐慌が始まり、ニューヨークの生糸商や絹物商の中に破綻する者が多くなり、翌春には絹物工場の機織機の運転台数は通常の三分の一程度になってしまったといわれている。

こうした米国の影響を受けて、一九〇七（明治四〇）年四月の現物一四三〇円（一〇〇斤当り）は、翌年四月には八一〇円（四三パーセント減）に暴落してしまった。

糸価が大暴落したため、蚕糸業界は大変な苦境に立たされる。第14表に示したように、年間を通じての輸出量は一〇パーセント程度の減にとどまったが、糸価の暴落が大きかったので、この間に売り急いだ蚕糸業者は大きなダメージを受けてしまった。

以上のように、蚕糸業は明治期にたびたび世界の経済恐慌等に巻き込まれ、この中から脱出するという厳しさを体験しながら成長し、一九〇九（明治四二）年には第15表に示したように、清国（現在の中国）を抜いて、生糸輸出量世界第一位になった。

第14表　1906～1908（明治39～41）年生糸輸出量

年　次	生糸総輸出量	生糸総輸出価額
明治39年	10,394,693斤 (100)	110,499,375円 (100)
明治40年	9,354,361斤 (90)	116,888,627円 (106)
明治41年	11,521,795斤 (111)	108,609,052円 (98)

注：（　）内は明治39年を100とした指数。
（出典：前掲『昭和14年7月　蚕糸業要覧』1939年）

11　大正期の経済危機と蚕糸対策

大正時代の蚕糸業界は、明治時代とは異なった国際情勢の中で、大きな経済恐慌に巻き込まれ、苦境に立たされたが、これを克服してさらなる発展へと歩み続けた。この状況を概観してみよう。

1　第一次世界大戦勃発と経済恐慌

(1)　第一次帝国蚕糸株式会社の設立

第一次世界大戦が一九一四（大正三）年七月に始まると、生糸輸出は停滞し、生糸価格は暴落し始め、生糸取引所の立会いはしばしば休止するような状態に陥った。

同年八月には府県の当業者を集めた臨時蚕糸業大会を、九月には全国製糸家大会を開催したが、蚕糸業界は混迷の度を深めるばかりであった。

同年一〇月の横浜生糸取引所の生糸価格は同年三月に比較して三五パーセントも暴落してしまった。

この事態を救済するため、帝国議会に蚕糸業救済保障法案が上程されたが、議会の解散で成立せず、年末には四万梱《こり》（約一三五万キログラム）の生糸が滞貨し深刻な問題となってしまった。

政府は、その後も議会に蚕糸業救済の法制化を働きかけたが、一向に進展しないため、法案を取下げ、関係者を集めて官民で資金を拠出して生糸を買入れる組織づくりの協議を重ねた。

第15表　明治40年代前半の日本及び清・イタリアの生糸輸出量

（単位・千トン）

年　次	総　数	日　本	清（中国）	イタリア
明治40年	22,060 （100）	6,370 （29）	6,405 （29）	4,820 （22）
明治41年	24,080 （100）	7,570 （31）	8,016 （33）	4,486 （19）
明治42年	24,510 （100）	8,372 （34）	7,480 （31）	4,251 （17）
明治43年	24,495 （100）	8,935 （36）	7,830 （32）	3,947 （16）
明治44年	24,570 （100）	9,370 （38）	7,670 （31）	3,490 （14）

注１：表中の総数は世界の生糸生産量。
注２：（　）内は総数を100とした指数。
（出典：前掲『昭和14年７月　蚕糸業要覧』1939年）

生糸の滞貨がますます増加する中、政府は翌一九一五（大正四）年三月三日、全国蚕糸業大会で「官民協同の組織で資金を出して生糸買入を行い、この危機を救済する」ことを発表し、同月二〇日に横浜銀行集会所において生糸売込商三〇名と農商務省関係者が出席し、帝国蚕糸株式会社創立総会を開催した。

この結果、「帝国蚕糸株式会社」の設立が承認され、この総会で取締役に原富太郎（三渓）、茂木惣兵衛、渋沢義一、渡辺文七、若尾幾造、木村庫之助が指名され、取締役互選の結果、社長に原富太郎、副社長に茂木惣兵衛、専務理事に渋沢義一が就任し、四月一日から蚕糸業の救済活動を始めた。

会社は横浜市本町五丁目の旧内務省衛生試験所内に置き、政府からの助成金五〇〇万円と借入金など合わせて二四〇〇万円を運転資金として営業を始めた。

第16表　帝国蚕糸株式会社の決算

	生糸量（斤）	金額（円）	和斤100斤 平均価額（円）
売上総高	678,881.73	7,479,314.89	1,101.71
買入総高	682,870.13	5,610,632.53	821.63
差　　引	目切れ 1,000分の58 3,988.40	売上利益 1,868,682.36	100斤当りの 利益金280.08

注：100斤は60 kg。（出典：前掲『日本蚕糸業史第1巻　生糸貿易史』）

(2)　帝国蚕糸株式会社の運営と解散

帝国蚕糸株式会社が営業し始めて二カ月もたたないうちに、資金が枯渇し、政府からもこれ以上助成金を出してもらうことができないという状況の中で運営が行き詰まり、会社を存続させるのか、廃止するのか、それとも新会社を設立するのかという問題に発展していった。

これについて、会社の評議員会や重役会では結論をだすことができず、政府に一任することになった。

ところが、このころになると、糸価も好転の兆しを見せ始めていた。

一任された政府は、重役等の意見を聞き審議の結果、閣議で会社の解散を決定し、六月一五日までに解散するよう命じた。会社は同年六月一五日、臨時総会を開催して解散を議決、以後清算事務に入った。

復調の兆しをみせていた糸価は、会社の解散命令がだされた時には一時値下がりしたが、八月には回復し、一〇月下旬には高騰し、蚕糸業の救済問題はまったく消え去ってしまった。

帝国蚕糸株式会社が買入れた生糸は、糸価の手堅き価格となった一九一六（大正五）年一～三月に売却し、第16表に示したように、利益を上げることができ、政府の助成金五〇〇万円を完納すると共に、利益金のうち一六九万円余を政府に納入、残りは株主配当等を行って清算事務を完了し、同年六月に開催した株主総会で決算報告を行い、会社の幕を下ろした。

2　第一次世界大戦後の経済恐慌

第二次帝国蚕糸株式会社の設立

第一次世界大戦（一九一四〜一九一九年）が終わると、経済は好調のように見えた。糸価のよくなった一九一九（大正八）年四月の横浜市場では、生糸「上一番」は一七二〇円（一〇〇斤当り価格）に値上がりしていたが、五月には一九二〇円、八月末には二三〇〇円と跳ね上がり、翌一九二〇（大正九）年一月二一日には四三六〇円という開港以来未曾有の高値を記録した。ところが、二日後の一月二三日から糸価の下落が始まり、三月中旬になると株式の大暴落が起こり、国内はたちまちのうちに経済恐慌に陥ってしまった。東京株式取引所をはじめ、全国の株式取引所が四月から五月半ばまで立会いを休止し、横浜生糸取引所なども、しばしば市場を閉鎖する事態になってしまった。

五月には、横浜の大きな生糸売込商であった茂木物兵衛経営の茂木合名会社と地元横浜の大きな銀行で茂木合名会社に多額の融資をしていた七十四銀行（茂木銀行と横浜七十四銀行が合併してできた銀行）が休業（経営破たん）に追い込まれてしまった。七十四銀行（頭取茂木物兵衛）の休業は、横浜をはじめ神奈川県内の他の銀行にも波及し、取付（銀行の信用がなくなり、一時に預金者が預金を引き出すこと）にあうという事態にまで発展してしまった。

生糸取引面での暴落状況を「上一番格」の例で見てみると、糸価は大正九年四月末には、一八〇〇円、六月五日には一三〇〇円となり、七月になると一月の高値四三六〇円の約四分の一（二五・二パーセント）までに暴落し一一〇〇円（第17表）という安値になり、想像を絶する状態に陥ってしまった。このため蚕糸業界は、製糸工場の休業や操業短縮、売渡の制限などを余儀なくさせられてしまった。

このような窮状を打開するため、蚕糸業救済対策の要望が強まり、第一次帝国蚕糸株式会社設立の場合と同様に、

第17表　1920（大正9）年の糸価暴落状況

生糸の階級	大正9年1月中の高値（A）	大正9年7月の安値（B）	1月高値に対する7月安値比（B ÷ A × 100）
最優等格	見当 4,480 円	1,350 円	30.1%
矢島格	4,430 円	1,250 円	28.2%
八王子格	4,420 円	1,170 円	26.5%
武州格	見当 4,370 円	1,120 円	25.6%
上一番格	4,360 円	1,100 円	25.2%
定期先物	4,460 円	1,117 円	25.0%

（出典：前掲『日本蚕糸業史第1巻　生糸貿易史』）

帝国蚕糸株式会社（以下、「帝蚕会社」という）を設立しようとする蚕糸関係者による動きが起こり、帝蚕会社設立に向けて発起人会が組織された。

発起人会総代には原富太郎（原合名）と今井伍介（片倉製糸紡績）が選ばれ、定款や計画書を作成して、原敬《たかし》首相をはじめ政府関係者に働きかけた。原首相は閣議で五〇〇〇万円の低金利資金を融通することを決め、政府は蚕糸業救済案を発表した。

政府の支援がえられることになった帝蚕会社設立発起人会は、一九二〇（大正九）年九月二五日、東京市麹町区内幸町の蚕糸業同業組合中央会で創立総会を開催、第二次帝蚕会社を設立して、滞貨していた生糸の買入を始めた。しかし、買入資金は翌一九二一（大正一〇）年一月には使い果たしてしまった。

糸況の回復がまったくみられないため、帝蚕会社は第二期計画をたて、政府に資金貸付申請を行った。政府は早速、蚕糸業救済貸付金補償案を国会に提出し、同年三月末に法案が成立したので、帝蚕会社に資金を交付した。

帝蚕会社は同年四月九日から第二期の買入を開始した。五月以降からは銀行からも貸付をしてもらい、生糸の買入を続行し、生糸の暴落危機を乗り切ることができた。目的を果たした帝蚕会社は、一九二三（大正一二）年三月二一日、株主総会を開催し解散決議をして、創立から二年半で会社を閉じた。

帝蚕会社は第18表に示したように、七万二六六〇梱の生糸を買入れ、市況がよくなってから販売したので、大きな利益金をだした。この利益金から農商務省に生糸検査所拡充費として一二〇万円、生糸絹物専用倉庫建築資金として一八〇万円を寄贈したが、奇しくも同年九月に発生した関東大震災で被災した生糸検査所の復旧と同所附属生糸絹物倉庫（後の帝蚕倉庫）の建設資金として使用することになった。

12　昭和初期の経済危機と蚕糸対策

昭和の時代に入ると、外交をはじめ政治・経済面で大きな転換期を迎えた。それは、軍部の台頭、満州事変（一九三一年）、国際連盟脱退（一九三三年）、日中戦争（一九三七年）を経て、ついに一九四一（昭和一六）年一二月には太平洋戦争に突入したことなどを上げることができる。

このような状況の中で、昭和初期に金融恐慌や世界経済恐慌に遭遇し、国民生活は疲弊の度を深め、国民全体が窮乏に耐えなければならない時代へと突入していった。蚕糸業界もまた、今まで経験したことのない長期の不況に立たされてしまい、養蚕農家は極度に窮乏し、製糸業・織物業も厳しい経営の時代を迎えた。

第18表　帝国蚕糸株式会社の持ち荷総売上明細

買入生糸数量	72,660 梱
販売生糸数量	4,189,059.94 斤
買入生糸料（A）	64,981,041 円 31 銭
売上生糸料（B）	78,675,200 円 98 銭
差引利益（B － A）	13,694,159 円 67 銭

注：１梱は９貫目（33.75kg）。１斤は 0.6kg。
（出典：前掲『日本蚕糸業史第１巻　生糸貿易史』）

1　昭和二年の金融恐慌

一九二三（大正一二）年の関東大震災で産業界は大きな被害を受け、銀行では手持ちの手形が決済できなくなっていた。このため、日本銀行による特別融資が行われ、一時をしのぐことができたが、不況が続いていたために、手形の決済は進まなかった。

政府は一九二七（昭和二）年になって、震災手形の処理を議会にはかったところ、一部銀行の不良経営が暴かれ、これがもとで銀行の取付が起こり、たちまち全国的な金融恐慌へと発展してしまった。この金融恐慌は、蚕糸業界にも波及し、糸価暴落を招いてしまった。

同年六～七月になると、生糸を売り急ぐ製糸会社が多く、急激に出荷量が増加したため、糸価は大きく下がりだした。特に、前年度の糸価が非常に悪かったことも大きく影響し、蚕糸業救済緊急対策が必要になり、八月には蚕糸中央会臨時総会や全国蚕糸業者大会を開催して、帝蚕会社の設立を決議した。つまり、大正時代の蚕糸の大不況を乗り切った手法の帝蚕会社を設立して対応することにした。

帝蚕会社は同年一〇月二九日に設立され、直ちに糸価安定対策に着手し、横浜と神戸で生糸の共同保管を始めた。また、共同保管にあわせて翌一九二八（昭和三）年一月からの生産調整によって、糸価は安定を取り戻すことができた。こうして、ようやく蚕糸不況から脱出することができたのである。

2　一九二九（昭和四）年に始まった世界経済恐慌

(1)　経済恐慌の起こり

生糸輸出量は昭和期に入ると五〇万俵を突破し、一九二九（昭和四）年には第19表に示したように五八万俵を越え、統計史上最高の輸出量を記録したが、この年の一〇月二四日、ニューヨークのウォール街の株式市場で大暴落が起こり、米国はたちまちのうちに経済恐慌に陥り商工業や貿易が停滞し、銀行や企業が倒産したため、失業者であふれた。

米国は不況になってしまったため、ヨーロッパから米国資本を引上げてしまった。このため、米国資本に支えられていたヨーロッパ諸国は瞬く間に大不況となり、全世界に経済恐慌が広まっていった。

(2) 農村の疲弊と蚕糸業

この時期の生糸輸出は、第19表に示したように米国一辺倒であったので、いち早く日本は経済恐慌の影響を受けてしまった。

一九二九（昭和四）年九月の横浜生糸現物相場は第20表に示したように一三三〇円であった。ところが世界恐慌が始まると、一一月には一二二一円となり、翌一九三〇（昭和五）年六月からは急落し七九五円、七月には七〇五円となり、一一月には五〇〇円台に暴落していった。

一九三一（昭和六）年になっても第20表に示したように、生糸価格は低迷したままであったので、当然のことながら繭価格も暴落していった。第21表に示したように、一九三〇（昭和五）年春産繭は前年の約半値に、一九三二（昭和七）年には約三分の一の値段にまで下落してゆき、長い不況によって農村は非常に疲弊していった。

景気の回復は難しく、その後も繭価格はさら

第19表　生糸総輸出量と米国輸出の割合

（単位・俵）

年　次	生糸総輸出量	うち米国輸出量（総輸出量に対する割合）
昭和 2年	521,773	483,905（92.7%）
昭和 3年	549,256	509,147（92.7%）
昭和 4年	580,950	563,068（96.9%）
昭和 5年	477,322	457,034（95.7%）

（出典：前掲『昭和14年7月　蚕糸業要覧』1939年）

第20表　横浜市場生糸現物相場

（単位・円）

	昭和3年	昭和4年	昭和5年	昭和6年
1月	1,311	1,356	1,174	708
3月	1,356	1,396	1,165	666
5月	1,336	1,341	1,100	531
7月	1,247	1,282	705	585
9月	1,312	1,330	648	573
11月	1,362	1,221	581	556

注：標準価格対100斤。（出典：入江魁『蚕糸業更生の途』明文堂、1932年）

第21表　世界経済恐慌前後の繭価格

	春蚕白繭（指数）	春蚕黄繭（指数）
昭和 4年	7円58銭（100）	7円41銭（100）
昭和 5年	4円02銭（53）	3円98銭（54）
昭和 6年	3円13銭（41）	3円07銭（41）
昭和 7年	2円39銭（32）	2円32銭（31）

注：数値は繭1貫の価格。1貫は3.75kg。（出典：前掲『蚕糸業更生の途』）

第22表　世界経済恐慌前後の横浜港からの生糸輸出額の国家予算に占める割合

年　次	国家予算額（千円）	生糸輸出額（千円）	生糸輸出額の国家予算額に占める割合
昭和元年	1,666,775	601,000	36.1%
昭和３年	1,849,094	551,000	29.8%
昭和５年	1,816,276	291,000	16.0%
昭和８年	2,320,504	275,000	11.9%
昭和10年	2,215,414	284,000	12.8%
昭和12年	3,422,136	308,000	9.0%

（出典：日本製糸協会編『日本製糸協会50年史』日本製糸協会、2000年）

に低落し、安値を更新していった。農村は繭価ばかりでなく、長期にわたる各種農産物価格の暴落によって、公租公課の滞納、学用品の購入ができないなどによる師弟の義務教育への支障、中学校生徒の中途退学や授業料の未払い、製糸工場の休業による女工や都市労働者の失業と帰郷による扶養家族の増加、蚕種代や肥料代の未払い、医療費の不払い、電灯料の不払いによる送電中止、負債額の増大と償還不能など、農村の困窮は増大するばかりで、欠食児童や女子の身売りが続出した。

このような疲弊した農村を解消するために、農村救済請願運動が日増しに高まっていった。

政府は一八三二（昭和七）年度から農村対策として公共土木工事を実施し、農村に現金収入の途を開いた。しかし、折角の農村対策費も、年々増加する軍事費によって、農村救済事業は縮小され、農村に結成させた産業組合を中心に農民を結束させ、農民自身による自力更生の途「農漁村経済更正運動」を強要することになっていった。

国の予算額と横浜からの生糸輸出額とを比較してみると、昭和初期の世界恐慌以前と世界恐慌の影響を受け農村が疲弊してしまった時期では、第22表に示したように、生糸輸出額の国家予算に占める割合は非常に低落してしまった。

殖産興業・富国強兵を旗印に国をあげて取組んできた蚕糸業であったが、長期にわたる世界恐慌の激流になすすべもなかった。繭や生糸の増産に努力しても、農家経営や製糸経営は価格が年々大きく暴落するために焼け石に水で、窮地に追い込まれた時代であった。

13　関東大震災の復興取組と大量の焼失生糸問題

二〇一一（平成二三）年三月一一日午後二時四六分、宮城沖を震源地とするマグニチュード九・〇という巨大地震（東日本大震災）は、岩手県、宮城県、福島県など東日本一帯に大きな被害をもたらした。

特にこの地震によって発生した大津波が、一瞬にして多くの人命と財産及び地域全体の諸機能を奪ってしまったが、一九二三（大正一二）年九月一日にも、関東地方を中心とする大きな地震（関東大震災）が発生し多くの人命と財産を失った。地震は同日午前一一時五八分に起こった。マグニチュード七・九という大地震は、神奈川県、東京府、千葉県、埼玉県、山梨県などの関東甲信地域と静岡県にわたる広い地域に大きな被害をだした。この地震によって蚕糸関係でも大きな被害を受けてしまった。

写真 20　横浜大桟橋とその附近の被害

（出典：神奈川県編『神奈川県震災誌』神奈川県、1927 年）

写真 21　神奈川県庁周辺の被害

（出典：前掲『神奈川県震災誌』）

1　横浜の惨状

関東大震災は、火気を使用している昼時に発生したために、火災が起こり、死

写真 22　横浜市内の地割れ

（出典：前掲『神奈川県震災誌』）

写真 23　鉄道被害（東海道線）

（出典：前掲『神奈川県震災誌』）

写真 24　横須賀港の海上火災

（出典：前掲『神奈川県震災誌』）

者・行方不明者一〇万四〇〇〇余人（統計によっては一〇万五〇〇〇余人）、重軽傷者五万二〇〇〇余人、罹災世帯六九万四〇〇〇余戸にのぼった。

横浜市の場合、被害は全市に及び、特に外国商館のあった山下町（現在の横浜市中区山下町）や官庁、貿易業者の多い関内地区（現在の横浜市中区）は、レンガや石造りの建築物が多かったために、第一回めの強震でほとんどが倒壊してしまった。

道路は大亀裂を生じ、鉄道の軌道は陥没、水道管破裂、橋梁の落下、埠頭や防波堤は破壊してしまった。発生した火災は、たちまちのうちに猛火となり、逃げ場を失った人々が多数犠牲になった。火災は揮発物貯蔵所や商店貯蔵の揮発物に延焼し、爆発や重油の河川から海への流出と移火による船火災により、乗船者の焼死など生き地獄の様相を呈し、大きな惨事となった。

政府は震災の翌日二日に非常徴発令を発令し、臨時震災事務局官制をひき、内閣総理大臣を総裁として被災者の救済に必要な食糧品、飲料、薪炭・油その他燃料、建築資材と家屋、医薬品や衛生材料、船、車やその他運搬具、電線などの調達を行い、陸軍・海軍などの救援部隊と警察を被災地に送り込み、非常事態の対応を行った。

2　蚕糸関係の災害復旧に向けての取組み

蚕糸業関係もこの震災によって大きな被害を被った。

この震災によって横浜の生糸輸出港は破壊され、横浜市内の蚕糸関連施設である倉庫、事務所、関係者の住宅に至るまで、そのほとんどを失った。

生糸を輸送する鉄道は、東海道御殿場以東が大破し、中央線や常磐線、東北本線などにも被害がでたため、鉄道に頼っていた地域の生糸輸送はストップしてしまった。横浜は鉄道と道路が破壊されてしまったため、陸路による他の地域との連絡はまったくできなくなってしまった。

蚕糸関係者は、灰燼に帰した横浜を復興させようと、災害から間もない九月七日、横浜公園に集まって横浜蚕糸貿易振興会を結成し、会長には原富太郎、副会長には渡辺文七、渋沢義一が就任した。同月一〇日、横浜蚕糸貿易振興会創立総会が開催され、会名を「横浜貿易復興会」と改め、理事長に原富太郎が、理事には渡辺文七、渋沢義一、若尾幾造などが就任し、貿易再開に向けて動き始めた。

理事長原富太郎らは、翌日から大蔵大臣など政府要人に面会し、横浜復興の要請をするなど精力的に動きだしたのである。

原らの懇願によって、政府は好意的な協力を約束し、復興資金の調達など復興へ向けての手立てを進めた。

焼け野原となった横浜にあっては、生糸貿易を行う上で生糸倉庫が必要であり、税関から六万梱を収容できる保税倉庫を借用し、ここに横浜貿易復興会の事務所を置き、周囲には問屋・輸出商のバラックや荷造り場を臨時に設置し、九月一七日から応急的に輸出を開始した。

災害後の生糸輸送については、鉄道省と日本郵船の援助がえられることになり、横浜への生糸輸送が可能になった。

前橋、高崎以西と甲信地方の生糸は、信越線や中央線で名古屋を経由して清水港に、清水港と横浜の間は鉄道省の貨物船と日本郵船会社の船で輸送を行った。群馬県新町以東、関東、東北地方の生糸は、山手線を経由して東横浜駅（現在のJR桜木町駅近くにあった駅）に、九月二一日から輸送されるようになった。

生糸輸出は、横浜開港以来関東大震災以前までは、主に横浜港一港で行われてきたが、横浜市の震災の惨状を見た神戸市は、横浜の災害復旧は無理とみて、長い間の願望でもあった神戸港からの生糸輸出を開始することにした。神戸で輸出業務を行うには、生糸検査所が必要であったので、早速、神戸市立生糸検査所の設置に奔走し、生糸検査の実施にこぎつけ、念願の神戸港からの生糸輸出を始めた。これまで横浜一港の生糸輸出体制は、関東大震災によって崩れ、横浜と神戸の二港から輸出するようになった。神戸のシルク貿易の詳細については第2章で述べる。

3　焼失した生糸問題

この震災で横浜市内に保管していた生糸の大部分は、建物の倒壊と火災によって焼失し灰燼に帰してしまったが、この焼失量を把握することは簡単ではなかった。それというのも、問屋や輸出商が商略上、生糸数量を秘密にしていたことと、関係帳簿類を焼失してしまったので、焼失量を決定するまでにかなりの時間を要した。

横浜貿易商組合は一二月一日に至って、ようやく焼失量に近い量を発表したが、最終的に決定した焼失量は第23

表に示したように五万五六〇〇梱余にのぼり、その損害額は六一〇〇万円余になった。

この大量な焼失生糸の損害負担を、いったい誰が負うのか、簡単には決着がつかなかった。焼失した生糸の中では、問屋と銀行による保管中のものが最も多く、全体の約五七パーセントを占めていた。輸出商に買収されなかった焼失生糸は、販売委託をした製糸家と被委託者の問屋の損害であったが、これを担保に貸し付けた銀行も、巨額の損失を負うことになった。問屋や銀行の在荷とはいっても、所有権は製糸家であったので、資金力のない製糸家に負担を全額させることは到底不可能であった。従って、銀行、問屋、製糸家の三者で負担をしなければならなかった。しかし、利害は相互に反するため、相互の負担割合が大きな問題となった。特に、輸出商の倉庫にあって焼失した生糸は売買契約が成立していないため、銀行、問屋、製糸家三者の負担割合をどうするか、長い間決着しなかった。

横浜市内で焼失した生糸の大半は、長野県の製糸家からのものであったので、焼失生糸の善後策は、長野県の製糸家の善後策であったともいわれるほどであった。従って、長野県側の動きも活発で、震災のあった翌月一〇月一二日、長野市において長野県生糸同業組合の臨時総会を開き、焼失生糸を挙国一致して解決すべきことを決議した。同月一六日には長野県生糸同業組合連合会代表が上京して、横浜問屋業者と交渉を始めた。利害がからむ問題であるだけに、連日のように協議が行われたが紛糾し、なかなかまとまらなかった。

協議を重ねた結果、ようやく合意にこぎつけることができ、「損害を共同負担する。低利資金を政府に仰ぐ」ということで解決をし、焼失生糸の処理対策が動き始めた。

第23表　関東大震災による横浜市内の生糸焼失量

種　　　別	焼失量（梱）	価額（円）
問屋・銀行に保管中のもの	31,813	34,994,300
輸出商引き込み中のもの	6,548	7,202,800
看貫済みのもの	4,329	4,761,900
輸出商手持ちのもの	11,096	12,205,600
輸送中のもの	1,821	2,003,100
合　　　計	55,607	61,167,700

注：1梱は9貫目（33.75 kg）。
（出典：前掲『日本蚕糸業史第1巻　生糸貿易史』）

しかし、この焼失生糸の処理問題は、簡単には解決をみることができず、最終的に妥結をしたのは震災から二年九カ月近く過ぎた一九二六（大正一五）年五月のことであった。この最終調停には、志村源太郎（蚕糸中央会会長）、牧野忠篤（大日本蚕糸会会頭）、渋沢栄一が当たった。

調停内容は、銀行や問屋の保管生糸は製糸家八割、問屋二割、輸出商二割で、輸出成立済みのものは全額輸出商負担ということで関係者の了解を取り付けることができた。生糸の調停価格は、契約時の価格とは関係なしに、一〇〇斤（生糸一俵）当り二〇〇〇円とし、看貫《かんかん》済みのものは五年間に、その他のものは八年間に支払うということになった。

このような焼失生糸問題とは別に、神奈川県をはじめ各県の蚕糸関係施設にも、大きな被害が発生していた。被害の大きかった神奈川県の事例をみると、地震による桑園の崩落、養蚕農家の倒壊・半壊が多くみられ、しかも秋蚕の出荷時期であったので、集荷場の倒壊や火災による出荷繭の汚繭化や焼失の被害を被った。多くの製糸工場は倒壊し工場火災の発生により原料繭、出荷前の生糸を焼失してしまった。蚕種冷蔵庫の倒壊や焼失などもあり、大きな損害を蒙った。

14　ハンカチーフ製造から始まった横浜スカーフ産業

横浜はスカーフの産地としてよく知られており、横浜を代表する特産品になっている。

このスカーフ産業は、横浜開港（一八五九年）後、間もない時期にハンカチーフ製造から始まったが、昭和初期に至って、外国からの要望でスカーフを製造するようになり、横浜の主要産業へと発展した。

ハンカチーフは当時、「手巾《てはば》」「鼻拭き」といわれていたので、横浜の業界の中では、現在でも手巾とよぶ人が多くいる。

1　手巾製造の始まり

誰が何時ごろハンカチーフ（以下、「手巾」という）の製造を始めたかというと、諸説があり断定できないが、一つには上州（群馬県）の織物仲買人小野里喜左衛門が、元治年間（一八六四〜一八六五年）に、同郷の園田艶作の織った縮緬に山繭糸を配し縁取りしたものを手に入れ、横浜で絹物業を営んでいた加太八兵衛商店で、外人用手巾として販売委託したところ、外人の嗜好にあい、よく売れたという。これが手巾の製造の始まりだといわれている。

もう一つは、上州桐生の機業家江原貞蔵が慶応二（一八六六）年、同郷の織物仲買人小野里喜左衛門と協力して、琥珀織《こはくおり》の薄物を織りだして、外人向け手巾を製造して成功したといわれている。

また、桐生の機業家江原貞蔵が一八七一（明治四）年にフランスから織物の見本を取り寄せ、新縞綾織《しんしまあやおり》、亀綾斜子織《かめあやななこおり》の生地で、外人向けの手巾を製造したのが始まりという説もある。

この他にも諸説があるが、一八七三（明治六）年四月一七日発行の官許「横浜毎日新聞」（明治三年一二月八日、井関盛艮《もりとめ》神奈川県知事の主唱で横浜商人の出資により横浜活版社から創刊された日本で最初の日本語の日刊新聞）の輸出欄には「手巾六七枚」の記事があるので、輸出量は少ないながらも、このころから製造を行い、輸出を始めていたことがわかる。

2　横浜の地場産業「手巾」の発展

手巾を製造し、地場産業として発展させたのは、横浜で絹物商を営んでいた資金力のある僅かな商人たちであった。その絹物商を営む人たちにも、開港当初は攘夷論者の浪人による営業妨害があり、商売を続けることは非常に

写真25　椎野正兵衛

（シルク博物館蔵）

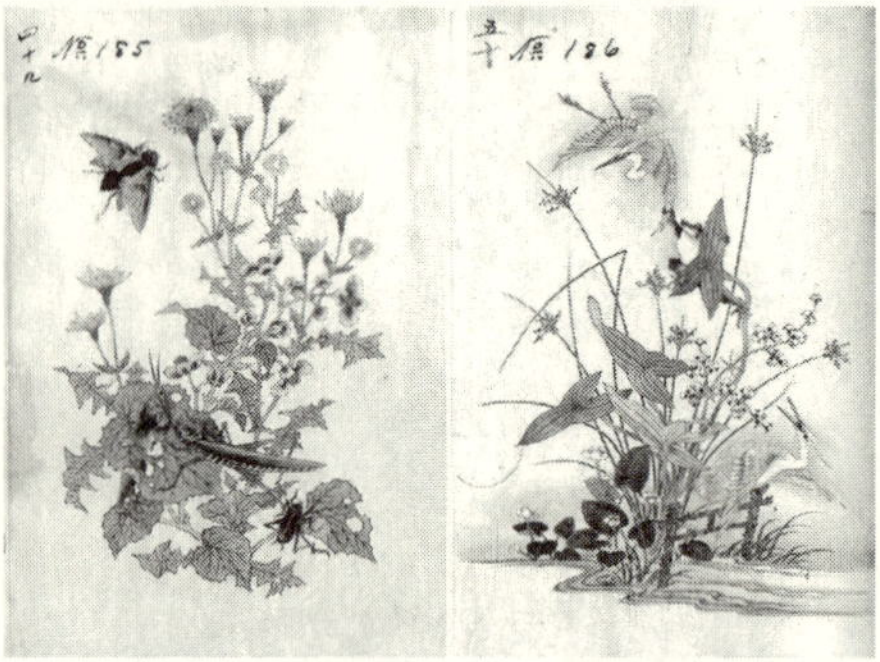

写真26　椎野正兵衛のデザイン例

（出典：『椎野正兵衛デザイン帳』椎野秀聰氏蔵）

困難であった。

横浜で絹物商を始めた加太八兵衛も、その一人であった。加太八兵衛は、江戸麹町で呉服商をしていたが、開港の際、横浜で外国人向けの絹物商を始めた。ところが横行する攘夷論者の浪人たちに脅迫され、生命の危険を感じ、やむなく一時店を閉じ、縁故者の椎野正兵衛に営業権を譲ってしまった。その後、加太八兵衛は、明治初年に再度横浜に戻り、椎野正兵衛商店と肩を並べる大きな絹物商に成長し、手巾など絹物の輸出に力を入れた。

椎野正兵衛店は横浜で外国人を相手に京都や桐生の織物を販売し大変繁昌していた。

椎野正兵衛は一八七三（明治六）年には、オーストリアで開催されたウィーン万国博覧会に絹製品を出品し、出品者代表に選ばれて渡航した。椎野はこの渡航の際に一緒に随行した実弟の椎野賢三とともに、ヨーロッパの絹業を視察して帰国し、この視察によってえた見聞をもとに、絹の手巾や寝衣などの輸出をするようになり、加太八兵衛らと共に、横浜の手巾産業を大きく発展させた。

横浜から手巾の輸出が始まった当初の製品は、白生地か無地染（模様がなく一色で生地全体を染めること。色無地ともいう）であったが、加太八兵衛や椎野正兵衛らは、外国人の好みに合った製品を作るために、生地の製織から染色、縫製などに至る技術の向上に努め、初期の手巾輸出の礎を築き上げた。

3　手巾の刺繍と捺染技術の発達

明治一〇年代後半になると「絵ハンカチ」が製造され、海外へ輸出されるようになった。当時の新聞は絵入りの手巾を「絵ハンカチ」と報道している（以下、「絵ハンカチ」とする）。この絵ハンカチは椎野正兵衛の専売になっており、製法は秘密であったので、見本すら入手することが難しかったといわれている。また、椎野正兵衛の絵ハンカチは、海外の注文の三分の一程度しか製造できなかったといわれており、手間はかかったが利潤は大きかったようである。

写真27　大正末期ごろの紙型捺染による手巾

（シルク博物館蔵）

写真28　版木に彫られた図柄

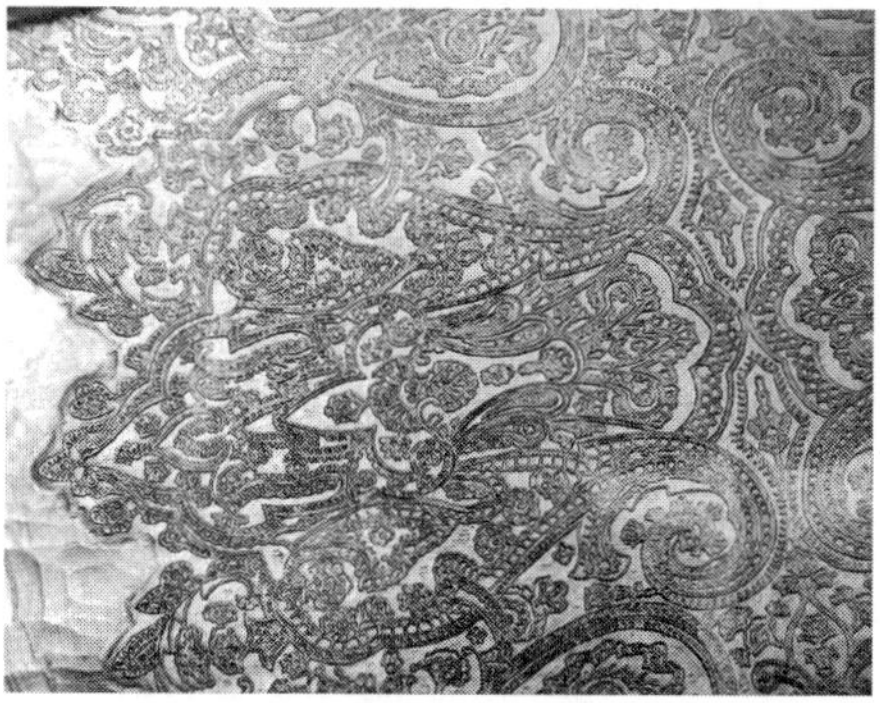

注：昭和初期のものらしい。（シルク博物館蔵）

　この絵ハンカチの製法は不明であるが、一八八七（明治二〇）年ごろから、海外で刺繍ハンカチが流行し始め、好評を博していた。明治二〇年五月の「東京日日新聞」には、米国各地から日本の絹に刺繍したハンカチの注文について、また同年一〇月の同新聞にはフランスで、日本の刺繍ハンカチが非常に好評であること、一八九一（明治二四）年の「横浜貿易新聞」にも、米国で絵画刺繍のハンカチが好評であることなどを伝えているので、椎野正兵衛の輸出した絵ハンカチは、刺繍ハンカチであった可能性と、次に述べる紙型捺染あるいは木版捺染などの手法を先取りして製品化していた可能性も考えられる。それにしても、この絵ハンカチの製法は現在も不明である。

　最近、「S. SHOBEY Silk Store Yokohama Japan」と押印された椎野正兵衛店の『デザイン帳』（発行年月・使用年代は不明、明治前期のものと推定さ

写真29　1929〜30（昭和4〜5）年ごろの蝋防染スカーフ

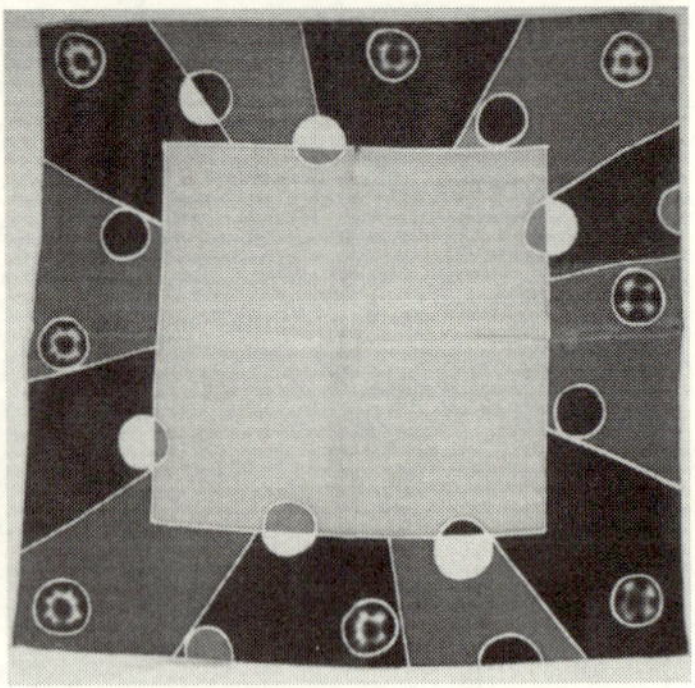

（シルク博物館蔵）

写真30　スカーフのスクリーン捺染

（シルク博物館蔵）

れている）が見つかった。これらのデザインを見ると、刺繍による製品と染色による製品とが製造されていたのではないかと推測される。しかし、絵ハンカチの製法は、発行年月や使用年代不明のデザイン帳からは断定できない。従って、前述のように現在も絵ハンカチの製法は、ミステリーにつつまれたままになっている。

明治一〇年代後半から二〇年代は、手巾の捺染技術が発達した時期で、これまで無地染めであった手巾は捺染技術の向上によって、絵模様等の入った美しい製品になっていった。

4　明治期の手巾最盛期

明治二〇年代は、刺繍された手巾と新たに木版や型紙を使った捺染法による手巾の輸出が盛んになり、明治期の手巾最盛期を迎えた。

型紙を使った捺染法は、伊勢の型紙技術を取り入れたもので、横浜では職人のこだわりであろうか、「型紙捺染」といわずに、古くから「紙型《かみがた》捺染」という呼び方をしてきた。

木版刷りは江戸時代に浮世絵、草双紙《くさぞうし》などの普及によって発達し、この技術が手巾の捺染にも応用され「木版捺染」「木版更紗《もくはんさらさ》」と呼ばれ、大正から昭和初期まで全盛をきわめた。

横浜には昭和二〇年の終戦の年でも、木版彫師《もくはんほりし》が七〜八名、木版摺り

第24表　横浜からの輸出総額にみる絹手巾輸出の割合

年次（明治）	輸出総額（万円）	うち絹手巾（%）
1887（20）年	3,378	3.3
1890（23）年	3,233	7.7
1892（25）年	6,155	5.6
1895（28）年	8,479	6.2
1897（30）年	9,070	3.7
1902（35）年	13,902	2.2
1907（40）年	20,589	2.5

（出典：神奈川県県民部県史編集室編『神奈川県史６　近代・現代（3）産業・経済１』神奈川県、1981年）

写真31　明治時代の手巾（複製品）

（『椎野正兵衛デザイン帳』椎野秀聡氏複製・所蔵）

師が三〇~四〇名ぐらいいたといわれているが、間もなくこの技術は消えてしまった。

大正末期ごろからは、紗《しゃ》に漆をつけて型紙を貼り付け型紙の補強をしたものが使用されるようになり、現在のスクリーン捺染（写真30参照）の原型ともいうべき製法が行われるようになった。

紙型捺染や紗張《しゃばり》捺染には、餅粉に染料を加えた糊で染める「糊染《のりぞめ》」や刷毛《はけ》で染料を塗る「刷毛染」が行われたので、木版捺染と違って長い生地を染めることができ、しかも、蒸しによる色止め、水洗による余分な染料や糊の洗い落としができたので、色落ちのしない美しい製品が作られるようになった。

第24表には一八八七（明治二〇）~一九〇七（明治四〇）年までの絹手巾の輸状況が示されている。これからもわかるように手巾は明治二〇年代には輸出総額の七パーセントを越える年もあったが、福井県や群馬県、栃木県などの絹織物産地が発展し、明治二〇年代後半からは絹織物が手巾の輸出額を越えるようになっていった。

5　手巾産業を支えた女性たち

手巾産業を大きく発展させた縁の下の功労者といえば、手先の器用な女性たちであった。横浜の手巾産業は、多くの女性たちの内職によって支えられた。

明治二〇年代から女性による手巾の縁かがりが盛んになり、この内職によって男性に負けないほどの稼ぎをしていたという。一日当り当時の貨幣である天保銭（天保銭一枚は二銭三厘）で一五〜二〇枚を稼いだという。米一升（一・八リットル）五銭、酒一合（一八〇ミリリットル）三銭の時代であったから、腕の良い女性は男勝りの稼ぎであったという。

このように一生懸命に内職する女性たちは、一日と一五日の休日には、横浜の伊勢佐木町にあった賑座《にぎわいざ》へ歌舞伎見物にでかけたので、賑座は「ハンケチ座」という異名で呼ばれたという。不景気の時代の芝居小屋も、ハンカチ女とも呼ばれた女性たちによって支えられ繁盛した。

この女性たちによる手巾の縁かがりの作業は、明治四〇年ごろまでには、小田原、静岡、名古屋方面にまで広げられていった。横浜の手巾産業は、このように女性の手によって支えられていた。

6　手巾産業からスカーフ産業へ

明治から大正時代へと続いた手巾産業は、昭和の時代に入ると大きな転換期を迎えた。

染色方法は、一九二八（昭和三）〜一九二九（昭和四）年ごろに「蝋防染」や「スクリーン捺染」法が導入されようになり、各社に広まっていった。このころになると、スカーフの製造が始められるようになった。

スカーフの始まりは、輸出業者が偶然にもジョーゼット（経糸、緯糸共に二本ずつ強撚糸を並べて織った絹の布）の三六インチ（約九一・四センチ）幅ぐらいの製品を作って、ロンドンに送ったことが契機となり、一九三〇（昭和五）年ごろから輸出が始まったといわれている。

一九三五（昭和一〇）年ごろまでには、大量のスカーフが海外に輸出されるようになり、手巾産業からスカーフ産業へと大きく転換し始めた。
しかし、太平洋戦争によって横浜のスカーフ産業は軍事工場になるなどして壊滅状態に陥ってしまった。

7 戦後のスカーフ産業

終戦後、荒廃した横浜市内にバラックを建設して、進駐軍好みのハンカチーフ製造を足がかりに、スカーフ産業が再興された。一九四七（昭和二二）年までに、いずれも家内工業的であったが、染色工場六、捺染工場一四工場が染色業務を開始した。

一九四七年六月、連合国軍最高司令官総司令部（以下、「ＧＨＱ」という）のマッカーサー司令官は、特別発表で民間貿易の再開を明らかにし、同年八月から貿易が再開された。スカーフの輸出も始まったが、太平洋戦争によって販路を失っていたことと、デザインが流行離れをしており輸出は振るわなかった。

一九五〇（昭和二五）年六月、朝鮮戦争が勃発すると、南朝鮮を支援する国連軍が軍事物資を大量に発注したので、好景気を迎えた。金へん景気・糸へん景気といわれ、繊維業界も好景気となり、織機をガチャンと動かすと、一万円を儲けたといわれ、「ガチャ万」という言葉が生まれた。

戦後、スカーフ業界に大きなブームが訪れた。ＮＨＫの高視聴率のラジオドラマ「君の名は」が映画化されると、主人公の「真知子」が巻いたロングスカーフが「真知子巻き」として一九五三（昭和二八）年に大流行をした。この流行によって内需が高まり、スカーフ業界は活気が満ちた。昭和二〇年代後半からは、スカーフの輸出量が伸びだしたので業界は大きな進展をみるようになっていった。

スカーフが大量生産されるようになったのは、太平洋戦争が終ってからのことで、世界に誇るスクリーン捺染技術（写真30参照）によって、美しい横浜スカーフが世界の市場を席巻する勢いで伸びていった。

昭和三〇年代から高度経済成長期に入ると、神武景気、岩戸景気などをはじめ好景気の時期をしばしば迎え、そのたびにスカーフブームを巻き起こした。一九六五（昭和四〇）年には史上最高の二三〇〇万ダースの絹や化繊のスカーフ・ハンカチーフを輸出し（第25表）、横浜スカーフの最盛期の生産量は、世界の約五〇パーセント、国内の約九〇パーセントを占めたといわれている。

戦後、好景気にしばしば恵まれ発展してきた横浜スカーフ業界は、平成時代に入ると、円高、賃金の高騰、絹製品の大量輸入、バブル経済の崩壊、スカーフ内需の減退等によって、多くの工場が倒産、他への転換、廃業などを余儀なくされてしまった。

第25表　1965（昭和40）年のスカーフ、ハンカチーフ輸出先及び輸出量

	数量（ダース）	シェア（%）
東南アジア	353,087	1.5
中近東	1,419,027	6.2
ヨーロッパ	3,479,584	15.1
北米・カナダ	11,193,097	48.7
中南米	1,183,109	5.1
アフリカ	5,039,652	21.9
オセニア	297,298	1.3
ソ連・東欧	36,850	0.2
計	23,001,704	100.0

（出典：日本輸出スカーフ等製造工業組合編『横浜スカーフ業界の系譜――組織と人脈』日本輸出スカーフ等製造工業組合、1989年）

第26表　明治期〜大正初期における輸出総額に占める絹物類輸出額の割合

（単位・千円）

年　次	輸出総額（A）	絹物類輸出額（B）	B/A × 100（%）
明治11年	25,988	5	0.0
明治15年	37,721	95	0.3
明治19年	48,876	783	1.6
明治23年	56,603	3,867	6.8
明治25年	91,102	8,276	9.1
明治29年	117,842	12,621	10.7
明治35年	258,303	31,801	12.3
明治41年	378,245	34,971	9.3
大正元年	526,981	36,440	6.9

（出典：横浜市編『横浜市史第4巻　上』横浜市、1965年）

15 絹織物・絹製品の輸出

1 開港当初の乏しい技術力

鎖国を行っていたわが国は、横浜開港（一八五九年）によって諸外国と貿易を始めた。しかし、欧米のように産業が発達していなかったので、開港当初の輸出品といえば、生糸、お茶、銅など半製品的なものが主であった。これら輸出品の中で飛び抜けて輸出量の多かったものは、すでに述べてきたように生糸で、これに次いで多かったものがお茶であった。

横浜開港当初の絹織物や絹製品（以下、「絹物類」という）は、手作業で製織・製品化する時代であり、輸出品とし外貨を稼ぐようになったのは、第26表に示したように、開港から二〇数年たった明治一〇年代後半ごろからのことであった。

この絹物類の中では、第27表に示したように、当初は手巾の輸出によって外貨を稼いだが、この手巾の生産が盛んになりだすと、織物業界に活気が見られるようになった。

一八八七（明治二〇）年七月一四日付けの「郵便報知新聞」には「織物の繁昌」と題して、

第27表　絹物類輸出額に占める手巾・羽二重の輸出額割合

（単位・千円）

年　次	絹物類輸出総額（A）	うち絹製手巾輸出額（B）	うち羽二重輸出額（C）	B/A×100（%）	C/A×100（%）
明治20年	1,481	1,146	——	77.4	——
明治21年	1,690	1,233	——	73.0	——
明治23年	3,867	2,516	818	65.1	21.2
明治25年	8,276	3,494	4,030	42.2	48.7
明治27年	13,042	3,628	7,254	27.8	55.6
明治31年	16,875	3,555	12,055	21.1	71.5
明治35年	31,801	3,154	24,685	9.9	77.8
明治37年	44,472	4,699	37,546	10.6	84.5
明治41年	34,971	3,905	28,067	11.2	80.2

（出典：前掲『横浜市史第４巻　上』）

第28表　大正期以後の輸出総額に占める絹物類輸出割合

（単位・千円）

年　次	輸出総額（A）	絹物類輸出額（B）	B/A×100(%)
大正 4年	708,307	47,736	6.7
大正 9年	1,948,395	172,884	8.9
大正14年	2,305,590	125,026	5.4
昭和 5年	1,469,852	73,357	5.0
大正10年	2,499,073	101,629	4.1
大正15年	3,655,850	50,577	1.4
大正20年	388,399	6,972	1.8
大正25年	298,021,052	12,935,073	4.3
大正35年	1,499,633,161	23,932,540	1.6

（出典：農林省農蚕糸局編『昭和 41 年版　蚕糸業要覧』日本蚕糸広報協会、1966 年）

桐生足利を始め各所の織物ハ近来外国向きのハンケチーフを織出す為め非常の繁昌にて別に注文を受けざるも織上り次第荷主が待構へ居りて買ひ行く有様なり且つ日本織物は是迄年々織出しを扣《ひか》へ目にせし処本年は捌け口頗る宜き故かたかた何れの織場にても職人を増やして盛んに織出す由

と織物産地が、非常に繁昌している様子を伝えている。

この手巾輸出も明治二〇年代半ばまでで、その後は第27表からわかるように、羽二重の輸出が圧倒的に多くなり、大正中期の縮緬やポンジーなどの輸出が増大するまで続いた。手巾や羽二重のほとんどすべてが、横浜一港から輸出されていた。

手巾は横浜が産地であったが、羽二重は群馬・福井・石川・福島・栃木・新潟・富山などの各県で生産され、横浜に運び込まれ、海外へ輸出されていった。

羽二重の生産量は、当初、群馬県の織物産地桐生が第一位であったが、技術導入に成功した福井県が一八九二（明治二五）年から先進地の群馬県を抜いて、トップに躍りでた。そして一八九四（明治二七）年には、全国総生産量の六〇パーセントを占めるまでの勢いで発展していった。

初めのころの羽二重の輸出先は、フランス、アメリカの二カ国が中心であったが、イギリスへも輸出されるようになり、明治三〇年代後半からは、インド、オーストラリア、ドイツ、カナダなどへも輸出先を拡張させていった。

絹物類（絹製品と絹織物）の輸出は、第28表に示したように、一九一九（大正八）〜一九二〇（大正九）年ごろは輸出総額の八パーセントを越えることもあり、生糸に次いで外貨を稼いだ。しかし、昭和初期に入ると、世界恐慌などの影響を受け、生産が大きく落ち込み、さらに昭和一〇年代半ばに入ると、統制経済や国家総動員法によって、多くの工場が軍事工場に転換され生産量は減ってしまった。

終戦を迎えた一九四五（昭和二〇）年の絹物類は、第28表からもわかるように、大正時代の最盛期の約四パーセントまで落ち込んでしまった。

しかし、前述したように一九五〇（昭和二五）年に朝鮮戦争が勃発すると、連合軍から軍事物資として大量の織物の発注を受け、織物業界はたちまち糸へん景気にわいた。

織物業界は設備投資をして規模拡大をはかっていったが、一九五三年に朝鮮戦争は休戦に入り、昭和三〇年代に入ると、他産業の発展がめざましくなり、輸出総額に占める絹物類の割合は落ち込んでいった。

16　港湾及び貨物輸送用鉄道の整備

1　開港当初の波止場

開港当初の横浜開港場の波止場については、「2　横浜開港場の位置問題」において、図1（一八六五・慶応元年の横浜絵図面）を用いながら説明したように、開港する際、運上所地先の海面に北東方向に真っ直ぐにせりだした二つの波止場を造った。このうち、東側の波止場（東波止場又はイギリス波止場と呼んだ）は外国貿易用、西側（西波止場と呼んだ）は内国貿易用として使用した。（後に、この両波止場全体が西波止場といわれ、居留地側のフランス波止場を東波止場と呼ぶようになった。）

開港当時の荷役は、沖に停泊中の本船と波止場との間を艀《はしけ》（陸と停泊中の本船との間を乗客や貨物を乗せて運ぶ小船）で往来していた。この当時の横浜港は、防波堤などは整備がされていなかったので、強風が吹けば波が荒立ち、艀の行き来ができず、海上と陸上の連絡はしばしば断ち切られてしまった。開港当初から生糸は主要な輸出品であり取扱量が多かったので、このような港湾状況では外国船への積込みに支障をきたしていた。

図８「横浜全図」（明治3年10月の一部分）

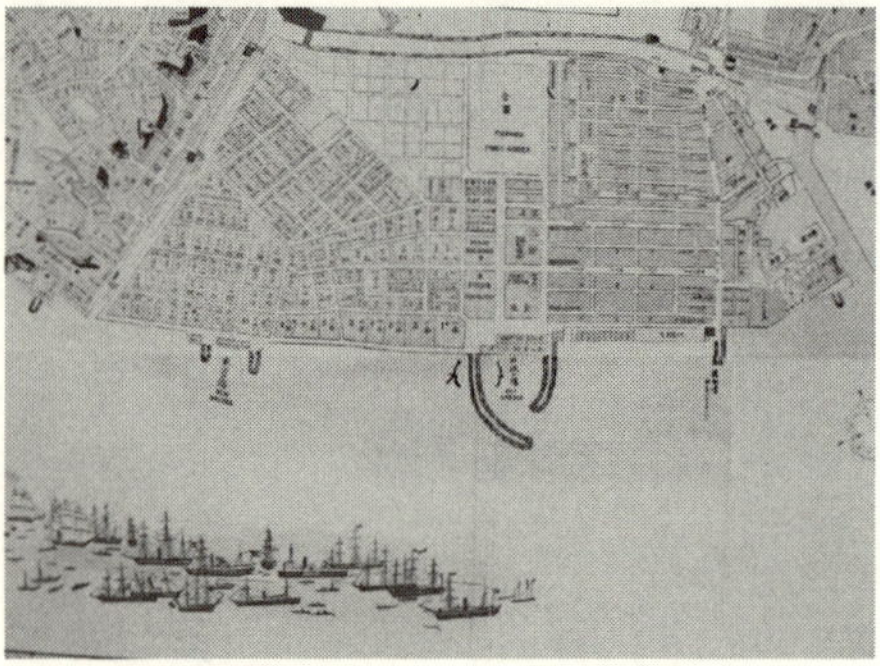

（横浜開港資料館蔵）

2　波止場の波除け改修

一八六六（慶応二）年に、横浜開港場で大火があり、運上所をはじめ居留地や日本人居住地の多くの家屋が罹災してしまった。この火災後、運上所施設の再建とあわせ運上所前の波止場の改修も行われた。

東波止場（イギリス波止場）は先端部分から西側に湾曲させた突堤を延長し、図8のように象の鼻の形をした波よけのできる波止場に改修された。また、居留地側にも一八六四（元治元）年に外国貿易専用の波止場（フランス波止場とよばれた）が整備され使用され始めた。

3　本格的な港湾整備の取組み

生糸輸出を中心に貿易がますます盛んになると貨物量が多くなり、このような艀で荷物輸送をするような波止場では大変不便になり、大きな船が直接係留できる築港が必要になってきた。そこで明治政府は、大きな船が直接係留できる本格的な港湾を整備することにし、イギリス人技師パーマーに依頼して、一八八九（明治二二）年九月から築港工事（第一期工事）を開始した。この港湾整備事業は、政府の一大事業であった。政府は、事業費約二〇〇万円（工事終了後の総決算額は約二三四万七〇〇〇円となり、予算額を約三四万七〇〇〇円上回った）を予定していたが、明治一〇年代後半の松方デフレ経済（「10　度重なる明治期の蚕糸不況」参照）を脱却して間もない時代であったので、大きな財政負担であった。

ところが、一八八六（明治一九）年にアメリカの好意で下関事件（一八六三年五月、長州藩が下関海峡を通過する外国船を砲撃した事件）の賠償金一三九万円が返還され、政府は国際的な利益にあてる趣旨でこの築港費に充当した。

この工事は予定よりも遅れたが、一八九六（明治二九）年五月までに、港内に二条の防波堤（北防波堤と東防波堤）と帷子川《かたびらがわ》の汚流を港外に導く導水堤の設置、イギリス波止場に幅員一二

写真 32　20 世紀初頭の横浜港

（横浜開港資料館蔵）

写真 33　輸出生糸船積込み風景（昭和 10 年ごろ）

（シルク博物館蔵）

写真 34　現在の横浜大桟橋

（著者撮影）

～一七メートル・延長七三〇メートルの鉄の栈橋を設置し、現在の横浜大栈橋《おおさんばし》の原型ともいうべき栈橋を完成させた。

二条の防波堤（北防波堤と東防波堤）の整備により、包囲された船舶錨地《びょうち》（船がイカリを下ろして停泊できる場所）は、約一五〇万坪（約四九五ヘクタール）となり、欧米に比べても遜色のない港に整備された。

この工事では、一八六六（慶応二）年に延長整備したイギリス波止場象の鼻の部分は残された。写真32からも、残された象の鼻の部分がわかる。

このように大栈橋の改修を行ったが、この工事中、特に日清戦争（一八九四～一八九五年）後、急速に貿易が増大し、大型船舶の接岸施設の増設、税関設備の拡充や上屋（停車場・波止場などで雨露をしのぐために柱上に屋根をかけて差しだした仮屋）、倉庫、鉄道敷設、埋立地の造成などの整備が急がれるようになった。

そこで、第二期築港工事が計画され、一八九九（明治三二）年から税関設備工事、税関前海の埋立、上屋、倉庫の建設、鉄道敷設、大栈橋改修などを行い、一九一七（大正六）年一一月に完成した。

この第二期港湾工事によって、大型船が接岸でき、連絡鉄道、上屋、倉庫などを整えた新港埠頭（現在の赤レンガ倉庫周辺一帯の埠頭）ができ上がり、大栈橋も改修されたので、生糸などの貿易を行う近代的な港湾に整備された。

4　貨物用鉄道の整備

前述のとおり、明治一〇年代から鉄道が各地の養蚕・製糸業地帯に次々と敷設されていった。各地に鉄道が整備されていくと、各生糸生産地から輸出用生糸が東海道線横浜駅や横浜駅近隣の駅に大量に送り込まれてくるようになり、この荷捌きが大きな課題となり改善が必要になった。このため、港湾整備と併せて貨物鉄道の整備も進められた。

一九一五（大正四）年一二月には貨物専用の東海道国鉄東神奈川線程ヶ谷駅（現在のＪＲ保土ヶ谷駅）—高島駅—東横浜駅（現在のＪＲ桜木町駅に隣接）の高島線が開業し、横浜生糸検査所の近くまで生糸輸送ができるようになった。さらに一九一七（大正六）年六月には、東神奈川駅（現在のＪＲ東神奈川駅）や鶴見駅（現在のＪＲ鶴見駅）と高島駅間が結ばれ、各地の生糸を積んだ貨車は程ヶ谷や東神奈川、鶴見のいずれの駅からでも東横浜駅に輸送できるようになった。

そして一九二〇（大正九）年七月には、東横浜駅—横浜港駅間（横浜臨港線）が開通し、貨物も人も新港埠頭まで輸送できるようになり、大変便利になった。

一九二八（昭和三）年三月には、東横浜駅から帝蚕倉庫まで貨物線が敷設され、各産地からの生糸は倉庫に横づけされる便利な時代を迎えた。

写真 35　現在の横浜新港埠頭

（著者撮影）

写真 36　現在の赤レンガ倉庫

（著者撮影）

写真 37　現在の象の鼻パーク

（2009 年 6 月 2 日開園日に著者撮影）

5　新港埠頭からの生糸輸出

大型船が接岸でき、鉄道交通網も整備された新港埠頭は、生糸をはじめ多くの輸出品が積出され、多量の輸入品が取扱われるようになった。

現在の新港埠頭にある赤レンガ倉庫二棟は、この工事の一環として整備されたものである。現在の赤レンガ倉庫の二号館（大きい建物）は一九一一（明治四四）年に、一号館は（関東大震災で約半分が倒壊したため小さい）一九一三（大正二）年に竣工した。

港湾整備の第二期工事は総額一〇四五万円余を投入して整備されたが、その後も改修工事が必要になり、平成に至るまで港湾の整備は、しばしば行われてきた。

新港埠頭は写真35のように、現在の赤レンガ倉庫（写真36）を含めたこの海辺周辺の広いエリアが整備された。なお、横浜開港一五〇周年（二〇〇九年）を迎えるにあたり、日本から諸国への「海のシルクロード」の起点であった象の鼻部分をはじめ、旧西波止場一帯の約四ヘクタールは、「象の鼻パーク」として整備され、二〇〇九（平成二一）年六月二日開園（写真37）され、市民や来浜者の憩いの場所に生まれ変わった。

17　太平洋戦争中の蚕糸業・織物業

1　戦争のあらまし

昭和の時代に入ると、外交をはじめ政治・経済面で大きな変化がみられるようになった。軍部が台頭し、満州事変、国際連盟脱退、日中戦争へと突入していった。

特に一九三七（昭和一二）年以降の統制経済は、国内の産業・経済活動を大きく規制し、欧米から孤立する日本は軍事態勢を強めていった。日本軍は遂に一九四一（昭和一六）年一二月八日、ハワイの真珠湾を奇襲、アメリカやイギリスに宣戦布告し、太平洋戦争に突入した。軍部の権力は非常に強大になり、特に言論や報道は厳重に規制された（言論出版等臨時取締令）。また、国民生活に必要な物資に至るまで統制され、国内は戦時体制になった。

開戦当初の日本軍は快進撃をし、香港、シンガポールを攻略、ジャワ、スマトラ、ソロモン諸島を占領した。さらにビルマ（現・ミャンマー）を征服し戦域を広めていったが、一九四二（昭和一七）年六月初旬、中部太平洋のミッドウェー海戦でアメリカ海軍に大敗すると、戦局は逆転し、占領地は次々と奪還されていった。一九四四（昭和一九）年一〇月以降は、アメリカ軍のB29による本土への空爆が激しくなり、翌年三月一〇日の東京大空襲の後も、連日のように国内各地が爆撃された。アメリカ軍は、一九四五（昭和二〇）年四月、沖縄に上陸、同時に本土への爆撃を強め、東京や横浜、神戸をはじめ主要都市を繰り返し爆撃した。

この沖縄上陸をはじめ本土爆撃は、多くの国民の生命や財産を奪った。同年八月六日広島に、さらに九日には長崎へ原子爆弾が投下され、同月一四日、ポツダム宣言（米・英・中の三カ国名で発表され、その後、ソ連も参加し、日本軍の無条件降伏、降伏後の日本の処遇等を盛り込んだ宣言）の受け入れを連合国に通告し、一五日に終戦の詔、九月二日に降伏文書に調印し、無条件降伏をした。

2　法に基づく蚕糸業・染織業の統制

戦時色の強くなった昭和一〇年代前半の国内は、統制経済へと歩みだし、蚕糸業も統制されていった。

一九四〇（昭和一五）年末になると、蚕糸業統制法案ができ、翌年二月七日からの第七六議会に提出され、同月二〇日に衆議院を、同二七日に貴族院を通過して、同三月一三日に公布された。

蚕糸業統制法が成立すると、同法施行令に基づいて同年五月、日本蚕糸統制株式会社（以下、「統制会社」という）が設立され、この統制会社によって、蚕種・繭・生糸等の生産計画や買入・売渡など蚕糸業に関わる統制が始められた。統制会社の役員や参与は官民の両者から選ばれ、主務大臣が任命した。

横浜と神戸には統制会社の支店が、各府県には統制会社の出張所が置かれた。しかし、岩手県と青森県の出張所は岩手県出張所が、山形県と秋田県は山形県出張所が、石川県と富山県は石川県出張所が、京都府と大阪府は京都府出張所が所轄した。

統制会社が動きだすと、府県にあった乾繭組合施設や繭市場施設は本来の機能をすべて失い、統制会社がこれら施設を買収し、利用した。

生糸の扱いについては、山形、福島、前橋、長岡、金沢、福井、甲府、岡谷、豊橋、京都、大分各市に生糸事務所を置き、一九四二（昭和一七）年から生糸の統制を行った。

統制会社は、日本蚕糸製造株式会社（戦中の原料繭不足に対応するため、全国の製糸企業を統合して組織した会社）や蚕糸利用開発株式会社（蚕蛹・桑皮等蚕糸副産物の資源を活用する会社）が設立される時にも、これら会社株のほとんどを所有することによって傘下に置き、蚕糸統制を押し進めた。

この統制会社でいつも大きな誤算が生じたのは、蚕種の過剰生産であった。戦争によって農村の労働力が戦地にとられ、蚕の飼育量が計画を上回って急激に減ったためであった。

蚕種とは逆に、繭の統制は無駄のない合理化が進められた。統制前は製糸会社の地盤の入り混じりや取引競争によって、繭集荷や輸送費などに莫大な経費がかかっていた。これが統制によって、製糸工場周辺の繭生産地からの繭配給に切り換わったので、集荷輸送費や燃料のガソリン代は大きく節減された。

織物業も蚕糸業と同様に原料や労働力、資金などの面から大きく規制されていった。

支那事変ともいわれた日中戦争の勃発に伴って、一九三七（昭和一二）年九月、臨時資金調整法が施行され、融資面から織物業設備の拡張が制限されだした。翌年一月からは、繊維工業設備の新設・拡張は、すべて政府の許可が必要になった。一九四〇（昭和一五）年後半からは、企業の整備統合が行われ、小規模経営工場は合同することによって適正規模工場にするよう要請された。

一九四二（昭和一七）年になると、国家総動員法（一九三八年公布・施行）に基づく企業整備法が施行され、翌年にはこの法律が強力に推し進められ、繊維工場の設備や労働力は軍事工場へ転用されていった。この繊維工場の転用によって不要となった製織機等は軍事目的の屑鉄として供出させられた。約三五万台を越える織機は、終戦時には一三万台が残存するだけの状態になっていた。

このようにして戦時下の蚕糸業や織物業は、統制の中で大きく衰退し終戦を迎えたのである。

3　繊維資源不足の対応

日中戦争が始まると、羊毛や綿花が規制され、さらに太平洋戦争に突入すると、これらの原料はまったく輸入できなくなってしまった。そして、大戦によって国内の繊維資源が不足するようになり、羊毛や綿花等の代用として繭が利用されるようになった。

また、繭から短繊維を製造する方法が一九四一（昭和一六）年から始められ、普通繭（生糸繰糸用繭）や切開繭（蚕種を製造するために切開して蛹を取りだした種繭）を解きほぐしてラップ状（筵状）やスライバー（篠状）にして可紡性繊維として羊毛や綿の代用とした。短繊維の製造は、今までの製糸工場が短繊維製造機器を導入して取り組んだ。

短繊維製造の最盛期は一九四一（昭和一六）年で、九六工場で繰繭機五八六四台、開繭機三三八台が稼働し三八二万貫（一万四三二五トン）を生産した。

第29表　太平洋戦争による蚕糸・織物業への影響

	昭和4年	昭和20年（昭和4年対比）
養蚕農家戸数（千戸）	2,209	1,004（45.5%）
器械製糸工場数	3,719	160（ 4.3%）
器械製糸釜数（釜）	326,976	25,265（ 7.7%）
絹織物（1,000ヤード）	246,501	49,967（20.3%）
人絹織物（1,000ヤード）	124,806	6,190（ 5.0%）

（出典：蚕糸業関係は、農林省蚕糸局編『昭和4年蚕糸業要覧』農林省蚕糸局、1929年／農林省蚕糸局『昭和28年　蚕糸業要覧』中央蚕糸協会情報部、1953年。人絹織物統計は、神戸生糸絹市場三十周年記念祭委員会編『生糸絹織物と神戸』神戸生糸絹市場三十周年記念祭委員会、1954年）

戦争へ突入し繭の生産量が減少する中、繭を利用した短繊維の製造が大量に行われたので、製糸工場への繭の配給は次第に厳しくなっていった。このため国内の製糸工場の釜数を大幅に整理したが、大量の繭を短繊維製造に使うため、製糸設備を減らしても、原料繭の供給バランスは年ごとに大きく崩れていった。

このような状況から、前述の日本蚕糸製造株式会社が製糸企業の統合体として発足し、統制会社の傘下に置かれ繰糸を行うようになった。

先述のとおり一九四二（昭和一七）年、国家総動員法に基づく企業整備法が施行されると、この法律が強力に推し進められ、製糸工場も織物工場と同様に軍事工場への転用を余儀なくされた。終戦直後の器械製糸工場数は、第29表に示したように、戦前の最盛期の約四パーセント、設備台数で約八パーセントという壊滅的に減少してしまった。養蚕農家も最盛期の約四五パーセントに減少してしまっていた。

織物業は生産の少なかった昭和四年と比較しても、絹織物で約二〇パーセント、人絹織物に至っては五パーセントに激減してしまった。

戦時中の生糸や短繊維、副蚕糸は、主として軍需物資に使用されることが多く、パラシュート、軍服などに加工された。

繭から直接短繊維にし、加工した新製品は陸海軍の需要が非常に高く、両軍の争奪になったともいわれており、絹は軍需物資として非常に重視されていたことがわかる。

4 戦時下における横浜の蚕糸業・捺染業

昭和一〇年代前半まで横浜には、多くの蚕糸業者や捺染、織物加工業者が働いていたが、一〇年代後半から蚕糸業や織物業の統制が強行に進められると、仕事の場を失うようになっていった。

(1) 閉所に追い込まれた横浜取引所

国の認可をえて、一八九四(明治二七)年七月、横浜南仲通三丁目に横浜生糸外四品取引所が開設された。一九一〇(明治四三)年には、穀物取引所と合併し株式会社横浜取引所(以下、「取引所」という)となり、蚕糸や米穀、有価証券の取引を行ってきた。

この取引所は、蚕糸業統制法が施行され、蚕糸統制会社が動きだすと経営は厳しくなり、さらに、一九四二(昭和一七)年、国家総動員法に基づく企業整備法が施行されるようになると、国家の非常事態の中で、蚕糸情勢は厳しくなり、もはや取引業務を続行することは難しく、大蔵省の勧告もあって、翌一九四八(昭和一八)年六月、閉所した。創設以来、蚕糸経済に大きな影響力を持ち続けた取引所は、四九年で幕を下ろした。

(2) 戦時対応の生糸検査

太平洋戦争が始まると、生糸の輸出は著しく減少し、内需に変わっていった。蚕糸業統制法が施行され、統制会社が創立すると、輸出生糸検査法が廃止され、これまでの輸出一辺倒の生糸検査から、輸出生糸と国用生糸の両者を検査する規則に改められた。国用生糸は横浜や神戸の国の生糸検査所で行う検査と京都、福井、石川、岡谷、甲府、豊橋、前橋など一二カ所の地方で行う簡便な検査になった。しかし、蚕糸業統制法に基づく統制会社の生糸事務所が設置されると、前記一二カ所のうち、四か所が変更されたが、これらすべてが統制会社所属の生糸検査所となって発足した。従って生糸検査も蚕糸統制会社の傘下で実施されることになった。

一九四四（昭和一九）年七月になると、普通生糸の検査はこれまで通りの検査であったが、高級生糸の検査は軍需用高級生糸検査とそれまでの高級生糸検査の二通りが行われるようになり、軍需用の高級上質生糸の確保に力が入れられた。戦局が窮迫すると、横浜・神戸への生糸輸送は厳しくなり、地方に生糸検査所の駐在員を置いて検査を実施するという生糸検査の戦時特例が行われた。

横浜生糸検査所の施設の一部は、一九四三（昭和一八）年一一月から陸軍横浜防空隊の駐屯地に、翌年からは海軍も船舶警戒部を置き使用し始めた。このように、生糸検査所は軍隊の防衛施設としても使用されだした。

(3)　捺染工場から軍事工場へ

前述したとおり横浜は幕末から明治の初めごろに、外国人向けの手巾（ハンカチーフ）が作られるようになり、明治初めごろには輸出が始まった。昭和初期になると手巾からスカーフ産業へと移行し始め、スカーフの一大産地を形成していった。

このスカーフ産業に関わってきた工場も、製糸工場や織物工場と同様に企業整備法が施行されると、横浜市内の工場は軍事工場へ転用させられていった。一九四三（昭和一八）年には総工場数一〇八工場の内九二工場が整備対象となった。手捺染の七四工場も六工場を残して整理され、壊滅状態に陥ってしまった。

(4)　横浜空襲と蚕糸及び捺染等の施設

横浜は太平洋戦争中に二五回にわたって爆撃を受けた。中でも一九四五（昭和二〇）年五月二九日の大空襲は、市街地の約四五パーセントに及ぶ面積が被災した。

関東大震災で壊滅状態になった横浜は、この爆撃によって、再度焼野原となってしまった。集中爆撃を受けた桜木町や関内一帯は広く焼き払われてしまったが、この被災した中で、奇しくも横浜生糸検査所、帝蚕倉庫・帝蚕ビルヂング、横浜正金銀行（現・神奈川県立歴史博物館）、神奈川県庁（旧館）は焼け残った。

国家総動員法に基づく企業整備法によって、製糸工場や織物工場と同様に横浜市内の捺染施設も軍事工場への転換を余儀なくされたが、この整理から逃れた工場も、一九四五（昭和二〇）年五月二九日の大空襲等で、ほとんどが焼失してしまった。染色工場は、わずかに天野、植木、飯田、高田の四工場が空爆を逃れただけだった。

戦前から築き上げてきた横浜スカーフ産業は、この大戦によって衰退を余儀なくされてしまったが、戦後、焼野原の中にバラック建ての染色工場を作り、進駐軍好みのハンカチーフ製造を始めた。戦後の厳しい経済状況の中で、ハンカチーフをてがかりに、横浜スカーフ産業の再興をめざして歩みだしたのである。

18　横浜市内の蚕糸施設

幕末に横浜が開港されると、生糸貿易が盛んに行われたので、横浜には蚕糸関係の諸施設ができ、日本経済や貿易を支えてきた。しかし、現在、これら諸施設は往時の建物の面影を残すのみとなったものや、まったく姿を消してしまったものもある。

横浜の蚕糸業史を語り伝えるために主要な諸施設について、その概略を次に紹介しておく。従って、前節までの記述と重複することを予めお断りしておきたい。

写真38　横浜商品取引所の取引風景

注：シルクセンター国際貿易観光会館ビル４階。
（1998年11月著者撮影）

1　横浜商品取引所（旧横浜生糸取引所）

一八九三（明治二六）年三月に取引法が制定されると、横浜の蚕糸貿易商の有志は、生糸価格の変動防止と需給の円滑化をはかるために取引所の設立について話し合いを行った。この結果、横浜に取引所を設置することに決まり、本町一丁目（現在の横浜市中区）に創立事務所を設け、一八九三（明治二六）年一〇月に生糸売込商原善三郎ら四名が委員となって発起人会を開催して、国に認可申請を行った。

国は同年一二月に認可をし、翌年三月には農商務大臣から「横浜生糸外四品取引所」の設立免状が下ったので、南仲通三丁目（現在の横浜市中区）に取引所を新設して、七月から蚕糸・製茶・綿布・織物・海産物の売買取引を始めた。初代取引所理事長には、原善三郎が就任した。

一九一〇（明治四三）年三月には、横浜米穀取引所と合併して「株式会社横浜取引所」となり、蚕糸や米穀、有価証券の三品を取引した。

ところが太平洋戦争が始まると（一九四一年）、蚕糸業は極端に縮小されたため、株式会社横浜取引所の経営は難しくなり、一九四三（昭和一八）年六月に、四九年にわたる歴史の幕を閉じ解散してしまった。

大戦が終わると（一九四五年）、生糸取引所設立に向けて動きだし、一九五一（昭和二六）年二月に至り、横浜生糸取引所設立に向けた創立総会が開催された。総会で設立が承認されると早速手続きに入り、同年四月には農林省の登録を完了し横浜生糸取引所が誕生、同年五月から取引を開始した。

当初は横浜生糸検査所（現在の横浜市中区にある横浜第二合同庁舎）の一階を間借りし、生糸取引を再開したが、一九五八（昭和三三）年一二月には、新築工事中の財団法人シルクセンター国際貿易観光会館（横浜市中区）の四階へ移転し、翌年一月から同会館四階で取引を続けた。

一九九八（平成一〇）年一〇月には、前橋乾繭取引所と合併し「横浜商品取引所」に改組、生糸と乾繭の取引を行った。横浜商品取引所はその後、「国際生糸」の取引、さらに「じゃがいも」「野菜先物市場」を開設して多角的な運営に努めてきたが、経営を持続することは厳しく、二〇〇六（平成一八）年三月三一日をもって閉所、東京穀物商品取引所に吸収合併され、横浜から姿を消していった。

東京穀物商品取引所で実施していた生糸取引は、その後、取引量が減少を続けたため、二〇〇九（平成二一）年九月三〇日をもって立会いを中止、翌月上場を廃止した。

明治期から始まった生糸取引は、太平洋戦争中とその後の一時期を除いて、長い間実施してきたが、ついにこの歴史の幕を下ろしてしまった。

写真39　創立当初の横浜生糸検査所

（シルク博物館蔵）

2　横浜生糸検査所

横浜開港から三、四年ぐらい経過すると粗製乱造の生糸の輸出が急増し、弊害が現れるようになった。このため、一八六二（文久二）年を頂点に一八七五（明治八）年ごろまで、生糸輸出は停滞してしまった。この輸出停滞の主な原因は、中国生糸の進出、猛威を振るっていたヨーロッパの微粒子病が終息期に向かっていたこととあわせ、特に、粗製乱造生糸問題であった。

この当時、輸出生糸は粗雑品が多かったため、織物の緯糸（横糸）に使えるぐらいで、経糸（縦糸）に使えるものは稀であったといわれている。明治政府は粗製乱造生糸の輸出を防ぐために、生糸改所《あらためしょ》の設置や生糸製造取締規則などを次々に布告して取締まった。

一八八三（明治一六）年になり、生糸検査所設置の気運がでてきた。しかし、関係者の合意がなかなかえられず、設置がなされたのは一八九五（明治二八）年のことであった。

同年二月生糸検査法が国会で成立し、横浜生糸検査所は、翌年八月から横浜市本町一丁目一番地（現在の横浜市中区）に木造二階建ての庁舎（写真39）を新築して検査業務を開始した。一九〇二（明治三五）年三月には、石造り二階建ての庁舎を新築して建物や施設の拡充整備を行い、検査機能を高めていった。

その後、生糸輸出量は明治後半から大正時代にかけて年々増大していった。このため、さらに生糸検査所の拡充整備と生糸・絹物倉庫の整備が必要になっており、用地を物色中であった。

ところが、一九二三（大正一二）年九月一日に関東大震災が発生し、建物の倒壊は逃れたものの、内部は焼失し、機器は使用不能になり、検査ができなくなってしまった。生糸検査機能を失うことは、横浜の生糸貿易の存亡にかかわる大きな問題であったので復旧が急がれた。そこで応急処置によって生糸検査所を復旧し、翌年二月から検査業務を再開した。

震災によって壊滅状態になった横浜の復旧をはかるために設立された横浜市復興会は、「生糸貿易は横浜の生命である」として、生糸検査所の新築と倉庫建築を早急に行うよう大蔵・農商務両大臣に陳情を行った。また、この生糸検査所の建設には、神奈川県知事や横浜市長をはじめ地元有力者などの惜しみない支援と協力があったといわれている。

一九二〇（大正九）年三月、第二次帝国蚕糸株式会社が解散した際に生じた利益金を生糸検査所拡充費、生糸・絹物専用倉庫建築資金として国に寄贈してあったので、政府はこの資金を充当して予算化し、北仲通の土地（現在の横浜市中区北仲通五―五七　横浜第二合同庁舎一帯）に生糸検査所を建設することになった。設計は遠藤於菟《おと》が行い、工事は一九二四（大正一三）年一二月から庁舎（地上四階、地下一階建て）一棟、附属生糸絹物倉庫（地下一階・地上三階）四棟、荷解場一棟の建設に着工した。工事は一九二六（大正一五）年五月に完了し、六月に落成式が挙行され、新庁舎での業務を開始した。

生糸検査は、時代の流れの中で改正を重ね対応してきたが、大きな変化をみたのは、太平洋戦争の始まる九カ月ほど前の一九四一（昭和一六）年三月、蚕糸業統制法が公布されたことであった。この法律に基づいて同年五月には、蚕糸統制株式会社が創立され、蚕種、繭、生糸その他蚕糸類全般にわたり計画から生産、需給、価格等に至るすべてを統制する体制となり、著しく規制がなされるようになった。生糸検査も、この法律に基づいて輸出用生糸・国用生糸の検査を行うことになり、厳しい統制体制の中で検査業務を続行した。

写真 40　旧横浜生糸検査所の面影を残す現在の横浜第二合同庁舎

（所在地・横浜市中区北仲通 5-57。著者撮影）

写真 41　繭の形を組込んだ庁舎周囲の鉄柵

（著者撮影）

写真 42　生糸検査所正面玄関上部の象徴彫刻

注：蚕蛾に菊の御紋章・日章旗・繭・桑の葉と実を表現。（著者撮影）

写真43　旧横浜生糸検査所の検査風景

（撮影年月不詳、シルク博物館蔵）

終戦の一九四五（昭和二〇）年八月、連合国軍総司令部（ＧＨＱ）によって生糸検査所庁舎は接収されてしまう。そのため一時、横浜市神奈川区の商工省繊維工業試験所に仮住まいをしたが、翌年五月に部分返還、一九四七（昭和二二）年一月には全面返還され、ようやくそれまでの検査所全体を使って業務を行うことができるようになった。

生糸検査所はその後も幾多の変遷を経て、蚕糸情勢が縮小してきた一九八〇（昭和五五）年一〇月には、国の機構改革によって横浜農林規格検査所に統合され、生糸検査所の名は消えた。

平成時代に入ると、庁舎は老朽化し、耐震性が低いことと横浜に国の機関を収容する庁舎が必要になっていたため、一九九〇（平成二）年三月から一九九五（平成七）年九月にわたって、この場所に横浜第二合同庁舎の建設が行われる。この建物は高層と低層からなり、低層の建物の外装は創建当時の旧生糸検査所の状態に復元（写真40）されている。

横浜農林規格検査所は、一九九一（平成三）年四月には、横浜農林水産消費技術センターに改組された。

生糸検査は、一九九八（平成一〇）年に蚕糸価格安定法及び農畜産業振興事業団法の改正と蚕糸業法、製糸業法が廃止されたため、「農林物資の規格化及び品質表示の適正化に関する法律」（ＪＡＳ法）に基づく検査に移行した。

横浜農林水産消費技術センターは、二〇〇一（平成一三）年四月には独立行政法人に移行した。

さらに、二〇〇七（平成一九）年四月には独立行政法人農林水産消費安全技術センター本部横浜事務所に改組されて生糸検査を行ってきたが、二〇〇九（平成二一）年二月二八日をもって、生糸検査に係るすべての業務を終了し、長い生糸検査の歴史に幕を下ろした。

3　帝蚕倉庫

関東大震災の後、横浜生糸検査所と生糸検査所の附属生糸絹物倉庫（地下一階・地上三階）四棟（A号・B号・C号・D号倉庫）などが、横浜市北仲通に建設された。

この附属生糸絹物倉庫（以下、「倉庫」という）は生糸検査所が直営管理することになっていたが、生糸検査所として使用する面積は僅かで、ほとんどは業者が利用する施設であった。従って、この倉庫経営を業者に任せることになった。そこで帝国蚕糸倉庫株式会社を設立することになり、一九二五（大正一四）年一月に設立委員会を組織し、翌一九二六（大正一五）年四月に、帝国蚕糸倉庫株式会社が設立された。

写真44　取壊し前の帝蚕倉庫

注：写真奥からB号倉庫、C号倉庫、D号倉庫。
（2007年8月、一般公開時に著者撮影）

帝国蚕糸倉庫株式会社は、志村源太郎を社長に、加賀山辰四郎を専務取締役に選任し、生糸・絹織物などの保管業と倉庫とは別に建設したビルの賃貸業を行うことになった。

同年五月末には倉庫や附属施設等すべての工事を終了したので、帝国蚕糸倉庫株式会社は政府と契約を結び、同年七月から生糸等を保管する倉庫業の営業を始めた。倉庫四棟の延べ面積は六五三三坪（約二万一五九二平方メートル）あり、生糸約五万俵余（三〇〇〇トン余）を保管する能力をもっていた。

一九二八（昭和三）年二月には帝蚕ビルディングを竣工、同年三月には東横浜貨物駅（現在のＪＲ桜木町駅近くにあった）から大岡川の鉄橋を経て倉庫まで専用鉄道引込み線を敷設した。

この専用鉄道引込み線が敷設される以前は、横浜市内の各生糸問屋が各自の店頭で生糸の荷受をし、生糸検査所で受検後、各自が引き取るという手間のかかる荷捌きであった。ところが鉄道引込み線の完成によって各地からの生糸は、直接倉庫に運び込まれるようになり、検査手続きや取扱いが大変便利になった。

帝国蚕糸倉庫株式会社は、太平洋戦争中の一九四四（昭和一九）年五月から戦時統制体制下に設置された日本統制倉庫株式会社にすべてを借り上げられてしまった。戦争が終わった一九四五（昭和二〇）年一二月に、日本統制倉庫株式会社から施設と営業権が返還された。なお、戦時中にできた日本統制倉庫株式会社は、ＧＨＱの戦時統制機関の解体指示によって翌一九四六年二月に解散させられた。

その後、帝国蚕糸倉庫株式会社は、一九四七（昭和二二）年一〇月、商号を帝蚕倉庫株式会社（以下、「帝蚕倉庫」という）と改称し、生糸等の保管業務を続行した。

会社の施設等は終戦の年八月に、ＧＨＱによって倉庫四棟、帝蚕ビルディング、空き地約六〇〇坪（約一九八〇平方メートル）を、九月には倉庫事務所も接収されてしまった。このため、仮住まいを余儀なくさせられた。しかし、Ｄ号倉庫だけは同年一一月に接収解除となり返還されたので、一二月からこの倉庫で保管業務を開始した。残る三棟の倉庫は一九四七（昭和二二）年一月に、事務所施設は一九四九（昭和二四）年一月に、帝蚕ビルディングは一九五二（昭和二七）年七月に、隣接空き地は翌年一一月に接収が解除され、返還された。

戦後の横浜は倉庫が著しく不足し、戦前の五分の一にも満たない状況になっていた。

戦後、生糸保管量は年々増加し、一九四六（昭和二一）年九月には二万一〇〇〇俵余であったが、翌年三月には五万六〇〇〇俵余、同年七月には六万七〇〇〇俵余となり、倉庫不足が予測されるようになり、帝蚕倉庫はＥ号倉庫、F号倉庫を新設して対応した。

その後も事業の拡大に伴いG号倉庫、H号倉庫などを増設、さらに一九七一（昭和四六）年一一月には本牧埠頭一番地に帝蚕倉庫本牧埠頭営業所を、翌年には都内品川区に東京営業所を、その後、神戸市に神戸支店（平成四年閉鎖）を開設するなどして施設と事業の拡大を図っていった。

このように長い歴史をもって発展してきた帝蚕倉庫であったが、横浜市中区北仲通の帝蚕倉庫一帯は都市再開発を行うことになったため、二〇〇五（平成一七）年三月、この地での営業を閉じ、本社は横浜市鶴見区大黒埠頭に移転した。

現在は都市再開発地に旧事務所一棟、旧倉庫一棟が保存され、盛んだった往時の生糸貿易の面影を後世に伝えている。

4 財団法人シルクセンター国際貿易観光会館

財団法人シルクセンター国際貿易観光会館（以下、「シルクセンター」という）は、一九五九（昭和三四）年三月に横浜市中区山下町に開設された。

シルクセンターの建設にあたっては、当時の神奈川県知事内山岩太郎（群馬県出身）の熱い思いがあって、建設に向けて動きだした。内山は戦後の荒廃した県土の復興のためには、外貨の直接獲得できる生糸貿易と観光が必要であると考え、知事選挙の公約にもシルクセンター建設を掲げ県民に訴えた。

おりしも横浜開港一〇〇周年も近づいていた時期であった

写真45　シルクセンター正面左側角にある英一番館跡碑とシルク博物館シンボル像

（著者撮影）

写真46　シルクセンター国際貿易観光会館

（所在地・横浜市中区山下町1。2011年10月著者撮影）

ので、開港一〇〇周年記念事業として神奈川県、横浜市、蚕糸・絹業関係業界の協力をえて、建設計画を策定した。この計画に基づいて、一九五六（昭和三一）年九月、農林大臣、通商産業大臣に設立許可申請書を提出し、同年一〇月に許可された。

建設用地は横浜開港のころの居留地一番地で、英国系の商社ジャーディン・マセソン商会「英一番館」のあった由緒ある場所（写真45参照）である。シルクセンター建設の実施計画の策定が始まるとシルクホテルの計画も加わったので、両者合わせて地下二階、地上九階、塔屋二階という高層ビルが建設され、当時の横浜のシンボル的存在となった。

シルクセンタービルには多くの生糸輸出商社をはじめ横浜生糸取引所や外国領事館、観光関係者などが入館したので非常に盛況であった。

昭和三〇年代後半ごろの横浜には、蚕糸関係の事務所を構える業者の半数は、シルクセンターと市内の帝蚕ビルで営業をしていたので、両ビルは横浜における蚕糸の東西の拠点となっており、蚕糸経済を動かす拠点でもあったといえよう。

シルクセンターには、内山知事の大きな願いであった「シルク博物館」（以下、「博物館」という）が設置され、シルクセンターの開館と同時にオープンした。

シルクセンタービルは、海の玄関である横浜大桟橋の近くに建設された。旅客を運ぶ航空機の発達していない時代でもあったので、大型外国客船で横浜を訪れた外国観光客は、目の前のシルクセンタービルに直行し、博物館の見物や館内での買い物を楽しんだという。このビルには当時からのショッピング街があり現在も営業している。

博物館は開館一〇周年と四〇周年、五三年めに大きな改装を行い現在に至っている。小中学生・高大学生をはじめ一般の人々や外国観光客が訪れている。

現在、横浜で唯一活動している蚕糸関係の施設は、シルクセンター（写真46）だけとなってしまった。

19　開港一五〇周年記念の蚕糸関係イベント

日本は一八五九（安政六）年に開港して以来、シルク、特に生糸を主体に輸出を行い発展してきた。しかし、産業・経済は大きく変化し、現在主な輸出製品は自動車などに取ってかわった。

横浜や神戸の港からの生糸の輸出は、一九七四年を最後になくなってしまったが、二〇〇九（平成二一）年、横浜市では記念すべき開港一五〇周年を迎え、市内では「横浜開国博Y一五〇」の行事を中心に、いろいろなイベントが繰り広げられわき返っていた。

この「横浜開国博Y一五〇」の催しの様子は写真47・48からも垣間見ることができるが、横浜市中区のベイサイドエリアでは横浜の開港当初の歴史展示をはじめ近代産業に関わる展示などが行われた。横浜市旭区のヒルサイドエリアでは環境問題をテーマにした展示や市内各地の諸団体の活動の取組みなどが展示され、多彩な催しが繰り広げられた。

市内の各博物館や資料館などでは、横浜開港に関わる特別展が開催され、「横浜開国博Y一五〇」を盛りたてていた。

横浜といえば、シルク貿易で大きく発展してきた街である。市内では開港一五〇周年を記念してシルクに関する特別展や物産展も開催され、各展示会場では往時の生糸貿易の歩みに食い入るように見る来訪者の姿も多く見られ

写真 47　横浜開国博 Y150 のベイサイドエリア「はじまりの森」会場

注：会場前で入場を待つ人々。（会場・横浜市中区。2009 年 5 月著者撮影）

写真 48　横浜開国博 Y150 ヒルサイドエリア「つながりの森」会場内

（会場・横浜市旭区。2009 年 7 月著者撮影）

写真 49　「横浜につながる絹の道展」会場

注：蚕糸業の映像を見る人たち。（会場・横浜市中区新港町・赤レンガ倉庫内。2009 年 6 月著者撮影）

写真 50　シルク博物館主催「ヨコハマ開港とシルク展」の講演会

（会場・シルク博物館。著者撮影）

た。その会場の一つ、市内の赤レンガ倉庫では、五月下旬から七月中旬まで財団法人横浜開港一五〇周年協会主催による「横浜につながる絹の道展」（写真49）が開催された。

この会場には横浜開港前から開港後の変遷を記した年表や横浜で活躍した生糸売込商（外国商人と直接に生糸販売をした商人）たちの紹介、農家の生活と養蚕との関わり、絹の道による生糸輸送と横浜に入った西洋文化の各地への伝播などの資料が展示された。また、長野、山梨、群馬、埼玉各県や東京都の蚕糸業に関する展示と八王子市、相模原市、横浜市各区などの蚕糸業に関わる展示も行われた。各県市等が制作した往時の蚕糸関係の映像や片倉工業株式会社提供の昭和二七年制作の「日本のシルク」など、日ごろ見ることのできない貴重な映像も披露され、来訪者たちを釘付けにした。

市内にあるシルク博物館では、六月上旬から八月下旬まで、横浜開港一五〇周年行事とあわせ同館開館五〇周年を記念して「ヨコハマ開港とシルク展」を開催した。

この会場には開港からの生糸・絹織物・絹製品等の貿易に関する資料や横浜生糸検査所・横浜商品取引所、蚕糸関係機関・団体等の変遷などとあわせ現代の新しいシルクの取組みに至るまでのパネル展示や養蚕製糸などの用具、開港当初の生糸（復元した掛田折返糸、美濃曾代糸、羽前鉄砲糸など）、生糸輸送用具、開港当初の輸出室内着、横浜スカーフなど往時のものが展示され、時代と共に移り変わっていった蚕糸業の歩みをたどることができた。

この展示にあわせて「横浜開港と生糸貿易」と題した講演会（写真50）も開かれた。

このように蚕糸業の歴史に関心を持った多くの人たちが、横浜開国博Y一五〇の行事に足を運んだ。

第2章 神戸開港と生糸貿易

1 神戸港の起こり

神戸港の歴史は非常に古く、五世紀ごろにさかのぼるといわれている。この時代には、瀬戸内海を利用した海運が盛んになっており、朝鮮半島（新羅・高句麗・百済の国）や中国本土（宋）との交易も行われていた時代であったので、外国との交易の海の玄関として重要な役割を担っていた。

また、このころの港は人手によって築かれたわけではなかった。強風や荒波を防いでくれる大坂湾内にあった自然の入江が、港として利用されていた。

神戸港の歴史が資料に表れ始めるのは『万葉集』や『摂津《せっつ》風土記』で、「武古《むこ》の水門」「敏馬《みぬめ》の浜」と記されている。「敏馬の浜」は、現在の神戸市中央区脇浜町にあったといわれているが、「武古の水門」は、神戸説と西宮説とがあり定かではない。

写真1　大輪田の泊の石椋

（場所・兵庫県神戸市兵庫区島上町2丁目。2012年8月著者撮影）

八世紀ごろになると、これらの地よりも、やや西に移って「大輪田の泊《とまり》」（泊とは港のこと）が使われるようになった。

大輪田の泊（現在の神戸市兵庫区）は、当時の人たちによって人工的に築港されたという。この築港に使われた花崗岩の石椋《いわくら》（防波堤や港突堤の基礎施設）が神戸市兵庫区島上町に保存されている（写真1）。この巨石は一九五二（昭和二七）年の新川橋西方の新川運河浚渫工事の際に、二〇数個発見された一つだという。港の入口に、このような重量四トンもある巨石を三～四段ぐらい積上げ松杭で補強して築港していたと推測されている。

一一世紀後半になると、高麗《こうらい》・宋（北宋）の商船が盛んに往来するようになった。さらに、一二世紀に入り中国の南宋の時代になると、宋の商人が盛んに通商を行うようになった。

この大輪田の泊地帯は東南の強風と荒波で、停泊中の船でさえ転覆することがあった。日宋貿易に力を入れていた平清盛は、大輪田の泊を強風荒波から防ぐ修築工事をすると共に瀬戸内海航路の安全に力を入れ、貿易の拠点づくりに努めた。

清盛の大きな仕事の一つは、大輪田の泊の修築と人工の防波島「経《きょう》が島《しま》」の建設（海面三〇町歩埋立）であった。この荒波を防ぐための経が島の工事は、強風と荒波でしばしば中断し完成にたどりつけなかった。このため清盛は、この難工事に私費を投入しきれず、国営工事を奏請し裁可され、ようやく経が島の完成を見るに至った。しかし、歴史的意義をもつ経が島の位置については、定かではない。

源平の争乱がおさまり、鎌倉から南北朝、室町時代に入ると、朝鮮半島や明（現在の中国）との貿易が盛んになり、兵庫の地は重要な港として機能するようになった。

この大輪田の泊に次いで、北側に本格的な港「兵庫津《ひょうごのつ》」（津とは港のこと）が築港され、室町時代には日明貿易の拠点として大変栄えるようになった。

このように神戸の海岸線一帯は、時代の変遷と共に港として発達していった。

この地帯の古代の港は、自然が作りだした良港であったが、東南の強風と荒波にさらされやすかったことと、同一場所を港として長く使用することができない欠陥があった。その理由は、山と海が非常に接近した六甲山地から流れでる河川が、大量の土砂を入江に運び込んで埋立ててしまったことによる。このため、港の場所を移動しなければならなかった。

神戸港は、河川が作りだした三つの三角洲と二つの深い入江ができたことから扇の形状をしており、昔から「扇港」とも呼ばれ、この東側の入江は「神戸浦」（神戸港）、西側は「兵庫の津」（兵庫港）ともいわれていた。

一六世紀末になると、豊臣秀吉によって大坂城が築かれ大坂港が修築されるとこの大坂港が栄え、兵庫津は活気を失ってしまった。しかし、徳川時代に入ると国内の商業が盛んになり、各地の物産が兵庫津に集散し、賑いを見せるようになっていった。

2　神戸開港と港湾の整備

1章でもふれたが、一八五八（安政五）年の五カ国（米・和蘭・英・露・仏）との修好通商条約に基づいて、長崎、兵庫、神奈川、新潟、箱館を開港することになった。しかし、神奈川は横浜に、兵庫は神戸の開港となった。

攘夷論を唱える浪人たちによって殺傷事件が起きかねない危険をはらんだ徳川時代末期であったので、幕府は市街化している神奈川や兵庫を避け、この地域に隣接する半農半漁の寒村を開港場にあて整備した。横浜の場合には、幕府が諸外国の反対を強引に押し切って、一八五九（安政六）年六月二日（新暦七月一日）に開港した。

これに対して兵庫の場合には、開港場を神戸に変更することに諸外国は反対しなかったが、実際に神戸を開港するとなると京都に近かったため、朝廷が強行に反対した。朝廷の権力が高まっていた時代になっていたので、神戸開港の約定《やくじょう》も朝廷によって潰されそうな状況におかれていた。

幕府は一八六一（文久元）年に、竹内下野保徳一行の使節を英・佛・和蘭・露等の国に送り、約一年をかけて大坂・兵庫の開市と開港日を五カ年延期することに成功し、一八六二（文久二）年「ロンドン覚書」を結ぶことができた。しかし朝廷の勅許をえることは非常に難しかった。そのため、徳川慶喜は開港間際に至り、強行に朝廷側と折衝し、一八六七（慶応三）年五月、ようやく勅許をえることができたのである。

実際に神戸が開港したのは、横浜開港よりも約一〇年近く遅れた一八六七（慶応三）年一二月七日（新暦一八六八年一月一日）であった。開港したばかりの神戸港は、横浜港同様に小さな波止場であったので、外国船と波止場の間は艀《はしけ》によって行き来した。開港後は、荷揚げ場を早急に設置する必要があり、四つの波止場と倉庫三棟を築造し、諸外国との交易の準備を整えた。

このうち、第一波止場は船たで場（船底を焼き腐食や虫害を防ぐ処置をする場所）を改修し、その他の波止場は一八六八（明治元）年に築造した。さらに一八七一（明治四）年から一八七七年にわたって順次改築して港湾の整備を行った。この改築工事の中で、西運上所前の第三波止場は、輸出波止場とするため大規模な工事となった。第1表に示したように、五五四・五メートルの波除け石垣、東二八一メートル、西六三メートルの石垣式波止場、一三六・五メートルの石垣式の荷揚げ場、六四・五メートルの荷置き場という交易波止場らしい港湾施設を整えた。

港湾に流れ込む河川は、降雨のたびに大量の土砂を流出して港を埋めるために、河川の付け替え工事も一八七一（明治四）年から実施された。河川の付け替えは港湾を守るための重要な工事であった。

一八七六（明治九）年には海陸連絡橋の鉄道桟橋を、一八八四（明治一七）年には鉄桟橋を建設して物資の輸送の便をはかったが、この時期は松方デフレで財政的に困窮していたので、外国なみの本格的な港湾整備を整えることなどはできなかった。しかし、貿易が盛んになり輸出入量が多くなると、大型船が何隻も直接接岸できる港が、横浜同様に必要になってきた。

神戸港の本格的工事は横浜よりも遅れたが、国費をつぎ込んで、一九〇七（明治四〇）年から第一期工事に取りかかった。修築費一七一〇万円（国費）、神戸市負担金四三七万円で工事に入った。第一期工事が終了したのは一九二二（大正一一）年五月であった。

第1表　第三波止場（西運上所前）の改修概要

（単位・m）

		長さ	高さ*	頂部の幅
波除け石垣		554.5	5.4	1.8
波止場	西 東	63 281	6.8	5.4
荷揚げ場		136.5	4.5	10 〜 12.7
荷置き場		64.5	――	12.7

注：＊根元又は基礎からの高さ。（出典：鳥居幸雄『神戸港1500年――ここに見る日本の港の源流』海文堂、1982年）

この第一期工事がまだ終了しない一九一九（大正八）年には、さらに拡張整備が必要になり第二期工事に取りかかった。そして一九三九（昭和一四）年には繫船岸壁・防波堤・上屋倉庫などを整備し、工事を終了した。

神戸港の第二期工事が完了する前年の一九三八年は、日中戦争の最中で、同年四月一日には国家総動員法（労務・物資・資金・施設・事業・物価・出版等の統制）が公布され、国内は統制経済の厳しさが増す時代になっていた。

太平洋戦争が始まると、対外貿易は加速度的に急減していった。太平洋戦争の末期になると、米軍による本土への空爆が盛んに行われるようになった。神戸は一九四五（昭和二〇）年三月一七日、五月一一日、六月五日に大空襲を受け、市街の大半を焼き尽くし、港湾は壊滅状態にされてしまった。特に港湾は三月と六

写真２　現在の神戸港

（2012年８月著者撮影）

月の空襲で施設を失い、湾内は至る所沈没船が横たわっており、これまでに整備されてきた神戸港は無残な廃港と化してしまった。

戦後、神戸港はＧＨＱに接収された。戦時中に投下された不発の機雷の掃海作業は米軍自らが実施したが、沈没船の処理や上屋の改修などは神戸市が行い、応急の港湾整備を行った。

戦後、最初の港湾改修工事は一九四六（昭和二一）年に始まった。兵庫運河の拡幅や増深工事を行うとともに兵庫運河の三角洲の取り除き、苅藻島背後の浚渫も行われた。

こうして戦後の神戸港の港湾整備は着々と進められ、現在に至っている（写真２）。

３　神戸港からの生糸輸出の始まり

一八五八年に開港すると、外国商人（以下、「外商」という）は生糸に強い関心を持っていたので、取引が早速始められた。

各開港場で一番先に生糸取引を行った者は誰であったかということが、しばしば話題になる。横浜には諸説がある。その中で和蘭商人がわずかな量ではあるが最初に取引したとみられている。これに対し神戸では、英国人商人ガラバーが米問屋の北風荘右衛門と取引したのが初めてであろうと『神戸生糸検査所史』には記されている。

先述したように、開港したころのヨーロッパでは蚕の微粒子病がまん延し、生糸不足に陥っていた。生糸の大生産国であった中国は、第二次アヘン戦争や太平天国の乱により輸出などできる状況ではなかった。このような世界の蚕糸情勢であったので、開港した横浜からのシルク貿易は幸運な始まりとなった。遅れて開港した神戸でも生糸や蚕卵紙など蚕糸類の輸出が始められた。

第２表　主要な生糸産地の生産高の変遷

（単位・千斤）

年　次	東			部*			西	部*		
	上野	武蔵	信濃	岩代	甲斐	羽前	美濃	近江	飛騨	但馬
明治９年	339	259	242	201	141	120	70	61	41	35
明治13年	739	324	405	281	211	139	119	116	58	94
明治18年	1,008	302	451	336	225	167	88	306	28	81
明治23年	1,084	696	1,556	452	396	274	239	405	68	115

注１：＊静岡・山梨・長野・新潟より東方を東部、愛知・岐阜・富山より西方を西部とした。
注２：千斤は600kg。
（出典：前掲『横浜市史第３巻　上』）

しかし、一八六七（慶応三）年に開港した神戸港からの生糸輸出量は、横浜に比べると非常に少なかった。

横浜は東北・関東・甲信地域に大きな養蚕・製糸の後背地を持っていたので、開港当初から生糸輸出が非常に多く、常に輸出額の第一位を占めていた。それに比べて神戸は、開港の遅れと横浜のような大きな蚕糸業の後背地を第２表にも示したように持っていなかったので、両港に大きな差を生じた。

一八六八（明治元）年の神戸港の輸出入状況を概観すると、総輸出額四四万円余に対し、総輸入額は六九万円余で、輸入の方が活発に行われていたことがわかる。この年の主な輸出品は生糸・蚕卵紙・茶・生蝋・煙草などであった。この中で蚕糸関係の物品が主要な輸出品になっていたが、その量はとても横浜には及ばなかった。輸出用の生糸は主に地元兵庫をはじめ石川・福井・滋賀・岐阜などから持ち込まれたものであった。

その後、神戸港からの生糸など蚕糸類の輸出は、次第に衰微していったが、一八八三（明治一六）年になると、居留地の外商から生糸取引を要望されるようになり、生糸の売込みに弾みがつきだした。横浜の取引値段と変わらぬ取引であったので、地元兵庫県の製糸業者ばかりでなく関西地方の製糸業者が、これを契機に神戸へ売込むようになっていった。再び神戸からの生糸貿易がよみがえり始めたのである。

一八八五（明治一八）年には横浜にあった先進的な輸出会社である同伸社（直輸出による生糸売込会社）の支店設置に成功し、一八八七（明治二〇）年には、藤田組神戸支店、神栄会社（後の神栄製糸会社）が設立され、生糸貿易に携わるようになった。

翌一八八八（明治二一）年六月には、西日本の主要蚕糸府県で組織した神戸港生糸貿易振興協議会が開設され、官民一体となって神戸港からの生糸輸出振興をはかることになった。この協議会には地元兵庫をはじめ大阪・京都・石川・福井・愛知・岐阜・滋賀・三重・和歌山・鳥取・島根・岡山・山口・徳島・高知・大分・熊本の二府一六県の蚕糸関係者が参加した。

その一方で、民間の製糸関係会社による積極的な動きも見られた。

一八九四（明治二七）年六月からは、神栄会社が山陰・山陽・中国・四国・九州の製糸業者に購入繭の資金を調達し、資金に困る製糸会社の便宜をはかるなどして、神戸への生糸出荷を勧誘し、生糸輸出に力を入れだした。

神戸の生糸輸出の動きが上向きだしていた一八九六（明治二九）年には、神戸に生糸検査所が設置され、関西・九州蚕糸業者大会、神戸生糸貿易期成同盟会が組織されるなど、神戸を中心にした生糸市場振興に向けた取り組みが盛んになりだしていた。

4　神戸生糸検査所の顚末

1　農商務省所管の生糸検査所発足

開港間もなく諸外国に粗製乱造の生糸が輸出されるようになったため、輸出は停滞し信頼を失い、対策に苦慮していた。また、神戸からの生糸輸出も開港後一旦は衰微しかけたが、明治二〇年代に入り、復調の様相を呈するようになった。

このような情況の中で、ウィーン万国博覧会（一八七三年開催）に出席した政府派遣技術者の佐々木長淳《ながあつ》や圓中文助はイタリアやフランスの生糸検査や蚕糸業状況等を視察し、帰国後生糸検査所の必要性を唱えたが、官界にも民間にも聞き入れてもらえるような時代ではなかった。

一八七七（明治一〇）年にフランス留学をした織物伝習生今西直次郎も帰国後、この必要性を唱えたが、佐々木らと同様に聞き入れてもらうことはできなかった。一八八三（明治一六）年になると農商務省の生糸検査諮問会で生糸検査所の設立を提唱する者が現れたが、この時も認められなかった。

このように国内では、生糸検査の必要性が長い間唱えられていたが放置されたままであった。この間、実際の生糸取引面では、外国商館の一方的な検査が行われていたので、問題が頻繁に発生していた。

一八九〇年代に入って、ようやく帝国議会でも生糸検査法案が議論されるようになり、一八九一（明治二四）年から一八九三（明治二六）年の帝国議会に生糸検査所設立に関する法案が提出されたが、可決に至らず実現されなかった。その後も議員提案の議案などが提出されたが、議会の閉会や解散で成立をみることはなかった。

一八九四（明治二七）年に至って、濵名信平らが帝国議会（第八議会）に生糸検査所法案を提出し、審議に入った。

議案は衆議院を通過したものの、貴族院の委員会で法律とすべき案件ではないということで否決され、本会議でも容易に決まらなかったが、翌一八九五（明治二八）年二月に生糸検査法が、同年八月に生糸検査所法が成立した。

ところで、この法案が議会で審議中に、生糸検査所は横浜一カ所にする方針であるという情報が神戸へ入った。神戸にすれば生糸市場を盛況にして地域の発展をはかろうとしている最中であったので、この重大性に対処すべく、直ちに神戸商業会議所にて臨時会議を開催し、両院へ請願書を提出し農商務大臣・大蔵大臣に意見の開陳などを行った。

この運動によって、神戸の希望が受け入れられ、審議中の横浜のみに設置する生糸検査所法案の条項第一条に「及神戸」の三文字が加えられ、「生糸検査所ハ横浜及神戸ニ之ヲ設ク」と明記された。横浜と神戸に設置する法律は一八九五（明治二八）年六月一七日に法律第三十二号をもって公布された。生糸検査所法は、翌一八九六（明治二九）年四月一日に施行され、農商務省所管の生糸検査所が神戸と横浜に置かれた。

神戸は栄町番外二十一番地に設立（一八九九年三月末に中山手通六丁目六〇番邸に移転）され、六月二八日から業務を開始、横浜は同年三月二一日に神奈川県庁に設置する旨の公示がされ、同年八月五日から市内本町一丁目一番地の新築木造二階建て庁舎（第1章・写真39参照）で業務を始めた。

生糸の検査方法はフランスのリヨン蚕糸検査所の検査方法を導入し、検査機器もリヨンから購入した。検査は原量検査、正量検査、練減《ねりべり》検査、品位検査の四項目が実施され、参考に肉眼鑑定が行われ検定証が発行された。

2　農商務省神戸生糸検査所の閉鎖

神戸には農商務省神戸生糸検査所（以下、「神戸生糸検査所」という）が設置され、蚕糸業は隆盛に向かうかに見えた。しかし、神戸生糸市場は不振が続いていた。横浜の生糸扱い量が年々増加していくのに比べ、神戸は比較にならない寂しい状況であった。一八九四（明治二七）年を例にあげれば、横浜の生糸取引金額は四二〇〇余万円あったのに対し、神戸では一パーセントにも満たない三〇万円ほどの額であった。

このような状態であったので、折角設置された神戸生糸検査所の検査件数にも大きく影響が現れた。一八九六（明治二九）年から一九〇一（明治三四）年の数値を横浜生糸検査所に比較すると、第3表に示したように一〇分の一にも満たない検査状況であった。

政府としても、神戸生糸検査所の業績不振を放置しておくわけにはいかず、業務停止の方向に動きだした。神戸商業会議所はこの事態を重視し、何としても閉鎖だけは食い止めようと奔走した。一八九八（明治三一）年一〇月には神戸商業会議所が中心になって知事・市長・関西各商工会所・関係会社の賛同をえて農商務大臣に存続の要望を行うなどの行動を起こした。

この結果、検査所業務の停止は逃れたが、一九〇一（明治三四）年になって、衆議院予算委員会で、業績不振を理由に、神戸生糸検査所の予算は削除されてしまった。これを知った神戸商業会議所は復活要求の行動を起こしたが認められず、同年三月三一日をもって閉鎖されてしまった。わずか四年九カ月余で神戸生糸検査所は消え去った。

第3表　神戸・横浜生糸検査所の検査件数

（単位・件）

年　次	神　戸	横　浜
明治29年	116	1,246
明治30年	202	2,644
明治31年	250	4,884
明治32年	266	9,286
明治33年	583	11,190
明治34年	0	33,243

（出典：農林省横浜生糸検査所編『横浜生糸検査所60年史』農林省横浜生糸検査所、1959年）

３　神戸市立生糸検査所の設置

生糸検査所を閉鎖した神戸の生糸市場は、不振が続いていたが、その後近畿・中国・四国・九州地域の蚕糸業は年々生産性を高めていた。つまり、神戸にも西日本全域に蚕糸の後背地が形成されつつあったのである。

一九二〇（大正九）年の農商務省の蚕糸に関する統計をみると、繭生産高では、関東五二パーセント、関西（愛知県以西の地域）四八パーセント、生糸生産高では関東五七パーセント、関西四三パーセントとかなり伯仲した状況になっている。しかし、神戸の生糸市場が不振続きなので、西日本の生糸は横浜に出荷されていった。従って生糸輸出は横浜一港に集中していたといえる。

こんな神戸に転機が訪れた。

一九二三（大正一二）年九月一日に発生した関東大震災によって、横浜港をはじめ横浜市内は壊滅的状態になり、横浜港からの生糸輸出は望めない状況に陥ってしまった。

神戸市議会や神戸商業会議所（以下、「会議所」という）が動きだした。それには以下のような理由があった。その一つは、生糸輸出を今まで横浜一港で行ってきたが、このまま停止し放置しておくことはできないこと、二つめには、生糸の大需要国である米国に不安を与え、将来の取引に悪影響を及ぼすこと、三つめには、国内の生糸生産組織が破壊してしまう恐れのあることであった。

神戸市議会や会議所は、この緊急事態の重要課題を解消するために、神戸港を臨時輸出港とすべきであると主張し、強力な運動を展開しだした。

大阪商業会議所など兵庫県周辺の商業会議所は神戸支援に動きだした。大阪商業会議所は九月七日に生糸輸出港設置委員会を開き神戸港からの生糸輸出支援を決議した。

製糸業界でも、早速九月一二日に、全国の製糸業者が神戸に集まり、製糸業者大会を開催して、神戸からの生糸輸出・神戸での生糸市場開催、生糸検査所の設置を決議し、政府や神戸市に対し、神戸を生糸永久輸出港とすることや生糸検査所の設置などを要望した。一方、神戸には連日のように横浜の惨状が伝えられ、横浜復興の厳しい状況を耳にしていた。横浜の輸出業者たちの中からも神戸に横浜の輸出代理港としての取組みを盛んに要請しだしていた。

会議所の緊急総会では、生糸輸出機関設置委員会が設けられ、この実行委員会で生糸検査所の緊急設置や検査機器の借入などの検討を行い神戸市へ要望した。

生糸輸出港にするためには、神戸に生糸検査所を何としても設置する必要があった。そのため、神戸市は会議所の要望を受け、生糸検査所設置委員会を設置、開催し、九月一五日の緊急市議会に生糸検査所設置経費をはかり、全会一致で承認され、京都や福井へ検査機器の借入に奔走しだした。また神戸市議会は、知事や内務大臣に生糸検査所の神戸への設置に関する意見書を提出し、神戸港からの生糸輸出の実現に動きだした。

神戸市は会議所と調整をはかり、京都府立生糸検査所（以下、「京都検査所」という）、福井県立生糸検査所（以下、「福井検査所」という）から検査機器を借用する手続きに入った。神戸市は助役が中心になり、両検査所から検査機器の借用交渉を始めた。こうした神戸からの要望に、京都検査所も福井検査所も検査機器を神戸へ貸出すことを内諾したので、この話は決着したかに見えた。しかし、難題が立ちはだかった。

検査機器の破損してしまった横浜は、京都検査所に機器の借用を申入れた。京都検査所は神戸への貸出の約束があったので断ったが、主務官庁の農商務省が動きだし、話は複雑な方向へ展開していった。

政府は大震災による被害甚大な東京・横浜の復興をはかる方針を打ちだしていたので、農商務省としても政府の方針に従って、京都・福井・豊橋の各検査所の検査機器は横浜に貸出す方針であり、神戸を生糸輸出港にするつもりはなかった。一方、横浜側の主要な生糸輸出関係者は、神戸からの生糸輸出には猛反対であった。このため、政府、横浜、神戸の関係は紛糾へと発展していった。

しかし、神戸側としては国の方針が横浜支援といえども、現状の生糸輸出停止状況と過去からの神戸港からの生糸輸出の願望を実現するために、簡単に国に従うことはできない状況にあった。

国・横浜・神戸の三つ巴の渦中にあった京都府としても、国・横浜と神戸の板挟みになってしまった。困り果てた京都府は検査機器を横浜と神戸の両者に按分することにした。この動きに対して、農商務省は京都府や兵庫県・愛知県へ係官を派遣して、横浜への貸出調整を行った。

福井県も神戸との内約があったので、半数以上の検査機器を横浜へ貸出すことはできないという回答を行ったようである。

このもつれを解決するため、民間の製糸会社も動きだした。大震災の翌月一〇月九日に開催された蚕糸中央会委員会に出席した郡是製糸会社の社長遠藤三郎兵衛は、農商務省を訪れ、神戸港からの生糸輸出について懇談した。その際、農商務省に横浜の被害状況からみて、横浜の復旧を待っていたのでは当年度の生糸輸出に支障をきたすことを伝え、神戸への検査機器貸出について折衝をした。この当時、農務省への陳情は遠藤ばかりではなく、多くの蚕糸関係者が陳情したことは想像に難くない。

農商務省は遠藤など関係者の懇願と併せ横浜の被災状況から、従来の方針を変え、神戸にも生糸検査所を設置し、神戸港から生糸輸出をする方向に傾いていった。一方、兵庫県知事は、国と府県と神戸市の三者がもつれ、紛糾した状態になっていた検査機器借用の案件を解決するため仲介に乗りだした。

兵庫県知事は農商務省、京都府知事、福井県知事、神戸市長と検査機器借用の件で話合いを行った。その結果、京都府と愛知県の検査機器は横浜へ、福井県の検査機器は技術者一〇名と共に神戸市へ貸出すことで、大震災から五五日も経過した一〇月二五日、ようやく決着をみることができた。

神戸市は早速、市内のメリケン波止場の神戸税関（監視部跡。海岸通一丁目）の建物の一部を借用し、ここに「神戸市立生糸検査所」（以下、「市立検査所」という。写真3）を設立して、関東大震災の翌年一月二四日から検査業務を開始した。検査は神戸市立生糸検査所条例の施行細則に基づいて、原量・正量・練減・品位検査を行いだした。

横浜も神戸を追いかけるようにして、応急借用措置をして同年二月一日から生糸検査を再開した。

こうして生糸検査は再び横浜と神戸の二カ所で開始されだした。

神戸の生糸検査件数は月ごとに増加の一途をたどり、当初設備した検査能力を大きく越える状態になってしまい、早急な拡充整備が必要になった。しかし、この場所は狭く拡張は無理のため、神戸市は市内元町四丁目の元株式取引所跡の広い土地を借用し、市立検査所庁舎第一期拡張工事として新庁舎（写真４）を建設した。この庁舎新設にあわせ検査機器もすべて新調し、一九二四（大正一三）年一二月二三日から新庁舎で業務を再開した。なお、設立当初に福井から借用していた機器は、同年一二月二二日までにすべて返却し終わった。

こうして新庁舎を建設し、検査業務を順調に実施してきた市立検査所に、さらなる施設の拡張整備が必要になった。それは明治時代から問題にされてきた輸出用生糸の正量取引を実施することになったからである。

写真３　創立当初の神戸市立生糸検査所

（出典：神戸市立生糸検査所『新築落成記念　神戸生糸市場史』1927 年）

写真４　元株式取引所跡に建設した神戸市立生糸検査所

（出典：所史編纂委員会編『神戸生糸取引所所史』神戸生糸取引所、1997 年）

生糸は空中の水分を吸収あるいは放出する性質があるので、水分量が一定していない。買手は水分量の多い生糸を購入すれば、当然のことながら損をする。逆に水分が少なければ得をすることになる。売手はこの逆となり、両者には相反する利害関係があり、トラブルを生んできた。既にヨーロッパでは、無水量の生糸に一一パーセントを加算した量を正量として取引していたので、これにならら

写真５　旧神戸市立生糸検査所

注：第２期工事により竣工。後の農林水産省神戸生糸検査所旧館。（所在地・神戸市中央区小野浜町。2012年８月著者撮影）

い、正量取引を実施することになった。

この取引の実施にあたっては、法整備が進められ、一九二六（大正一五）年三月二七日、輸出生糸検査法が公布され、翌一九二七（昭和二）年七月一日から輸出生糸の正量取引が実施された。

輸出生糸検査法第一条には、「生糸ハ命令ノ定ムル所ニ依リ其ノ正量ニ付国ノ生糸検査所ノ検査ヲ受ケタルモノニ非サレハ之ヲ輸出スルコトヲ得ス／主務大臣必要アリト認ムルトキハ公共団体ノ設ケル生糸検査所ヲシテ前項ノ検査ヲ為サシムルコトヲ得」と定め、国や主務大臣が認めた地方公共団体の生糸検査所の検査を受けなければ輸出できなくなった。

この正量検査を行うためには、さらに市立検査所の拡張整備が必要になった。

神戸市にしてみれば、多額の費用を必要とする事業であったので、本来ならば市立検査所を国に移管したいところであった。しかし、神戸港からの陶磁器・お茶・綿織物・ガラス製品など、かつては取扱量第一位であった輸出品が、他の港にとられ漸次衰退傾向にあったので、神戸市としては生糸・絹物類輸出を振興し、神戸港の発展をはかる必要があった。

神戸市は、早速農林省繭糸課長と協議し、市立検査所を国立の代行検査機関に認めてもらうことにし、検査所の拡充に取りかかった。神戸税関構内の敷地（当時の神戸市葺合区浜辺通八丁目一二番地、現在の神戸市中央区小野浜町一番四号）を借用し、市立検査所庁舎第二期拡張工事として新庁舎（写真5）を一九二六（大正一五）年六月末までに完成させ、機器を整備して七月一日からの検査にこぎつけた。

4　国営移管になった神戸市立生糸検査所

関東大震災（一九二三年）以降、生糸の輸出は横浜と神戸の二港から輸出されるようになった。西日本の蚕糸関係者にとって、神戸港からの生糸輸出は長年の夢であり、ようやくかなえられた。西日本一帯の蚕糸業も、めざましく発達しだしていたので、関係者の中には関東大震災とは関係なく近い将来、神戸港からの輸出は始まったであろうという者さえいるほどであった。

神戸港からの生糸輸出が盛んになりだすと、市立検査所の検査業務は急速に増加していったので、移転拡張して対応してきた。

神戸市は、市立検査所による輸出生糸の正量検査を実施する際にも、さらに施設の拡充整備を行い対応してきたが、将来の神戸生糸市場の発展や生糸貿易の振興を総合的にはかるためには、市立検査所を国営に移管することがよいと考えるようになり、国への陳情を繰り返すようになった。政府としても、今後の生糸貿易を振興する上で、横浜と同じように国営の生糸検査所にすることを考えるようになり、一九三〇（昭和五）年から国への移管について動きだした。

この一九三〇年ごろになると、第三者による生糸格付の実施の機運が高まっていた。そんな中、輸出生糸検査法の一部が改正され、この検査を一九三二（昭和七）年一月から強制実施することになった。つまり生糸は、生糸検査所という第三者による格付けが行われないと輸出はできなくなったのである。

生糸の格付けは、従来、各輸出商によって各自の標準によって分類し、品質の統一が行われ輸出された。しかし、輸出商各自の基準であるので弊害もあった。

生糸の輸出量が増大してくると、個々の輸出商が検査設備と検査人員を確保することが難しくなり、国による検

写真６　旧神戸市立生糸検査所・正面玄関

(2012年8月著者撮影)

写真７　正面玄関上部の装飾品

注：黄金の絹を吐く蚕をモチーフにした装飾品（大きさ縦45 cm・横30 cm）。(2012年8月著者撮影)

査の統一を陳情するようになってきた。しかし、この第三者による格付け検査を実施するにあたっては、製糸側と輸出商側との意見の相違もあったので、格付けの任意検査を試行した後、法規制による強制実施に踏み切った。

生糸の格付け検査方法は、生糸の繊度や糸条斑（糸のむら）・糸の節・糸の強力と伸度・摩擦による抱合検査・再繰検査（巻返しによる生糸の切断回数調査）・肉眼による光沢、手触り、荷口の揃いなどの検査を行い、検査の総合点数によって九等級までの格付けを行い、優劣を付けた。

神戸市はこの強制格付け検査を実施するために、市立検査所のさらなる拡張整備が必要になった。この時期の国の財政は緊縮政策をとっていたので、国からの検査所の拡張費の調達はとてものぞめない状況にあったので、早速、市議会にはかり、予算措置をし、一九三一（昭和六）年五月から第三期の拡張工事として、市立検査所の隣に地上四階地下一階の新庁舎の建設にとりかかり、翌年五月に完成した（写真８）。

一方、国と神戸市との間では市立検査所の国営移管の話が進められていた。その結果、両者は合意に達し、一九三一（昭和六）年一月末には、農林省から神戸市長に同年四月をもって国営に移管することを内定した通知がなされた。

農林省は内定どおり同年四月一日から正式に農林省神戸生糸検査所（以下、「神戸生糸検査所」という）として発足させた。このため、国は新館庁舎の建設費を神戸市から借用して生糸検査所を発足させた。市立検査所は、創立以来約七年三カ月で幕を閉じた。

国営化された神戸生糸検査所は、その後、農林省横浜生糸検査所と同様の機構改革等を行いながら生糸検査を続行した。特に戦後の神戸や横浜生糸検査所は、蚕糸業の衰退とともに組織の改正が行われ縮小の運命をたどった。神戸生糸検査所は一九八〇（昭和五五）年一〇月には、国の機構改革によって神戸農林規格検査所に統合され、生糸検査所の名称が消えた。さらに一九九一（平成三）年四月には、神戸農林水産消費技術センターに改組され、この組織の一部門で生糸検査を続行した。

生糸検査は、一九九八（平成一〇）年に蚕糸価格安定法及び農畜産業振興事業団法の改正と蚕糸業法、製糸業法の廃止に伴い、「農林物資の規格化及び品質表示の適正化に関する法律」（ＪＡＳ法）に基づく検査に移行したが、

写真８　旧農林水産省神戸生糸検査所新館

(2012 年 8 月著者撮影)

写真９　神戸生糸検査所検査風景

(出典：神戸生糸絹市場三十周年記念祭委員会『生糸絹織物と神戸』神戸生糸絹市場三十周年記念祭委員会、1954 年)

写真 10　神戸生糸検査所検査風景

(出典：前掲『生糸絹織物と神戸』)

検査は神戸農林水産消費技術センターが引き続いて行った。

神戸農林水産消費技術センターは、二〇〇一（平成一三）年には独立行政法人に移行した。そして、二〇〇七（平成一九）年には独立行政法人農林水産消費安全技術センター神戸事務所に改組されて、生糸検査を行ってきたが、二〇〇九（平成二一）年二月二八日をもって、生糸検査に係るすべての業務を終了し、生糸検査の歴史は幕を下ろした。

なお、生糸検査業務を終了した独立行政法人農林水産消費安全技術センター神戸事務所は、同年四月、ポートアイランドへ事務所を移転した。

5　神戸生糸取引所の歩み

1　取引所の始まり

明治政府は、一八七一（明治四）年大阪に、その二年後の一八七三（明治六）年東京に、米穀定期取引市場を許可した。これが取引所の始まりである。

政府は取引所の規制条例を何回も制定し直し、商品や有価証券の規制をしてきたが、一八九三（明治二六）年三月、「取引所法」を制定するに至った。この法律では、生糸、繊維、米穀、肥料、砂糖などの商品と公債、株式の証券取引を規制した。

政府はその後も法改正によって種々の規制を行う中で、各地に商品取引所や有価証券取引所が設立され、その数は一九三七（昭和一二）年に設立された豊橋乾繭取引所を含めて一九三カ所となった。この内の過半数は米穀を上場する取引所であった。

このように各地に多く存在した取引所であったが、次々と解散していった。一九〇二（明治三五）年までに一二〇カ所、それ以降の明治時代に一七カ所、大正年間に一四カ所、昭和に入っても一九四〇（昭和一五）年までに二五カ所が解散し、翌一九四一年に残存したのは、僅か一七カ所であった。

生糸を上場した取引所は第４表に示したように一八九四（明治二七）年から一九四三（昭和一八）年までの間に全国に二五カ所あった。この大部分の取引所は一八九九（明治三二）年までに取引を開始したが、数年のうちに解散し、最後は神戸生糸取引所と横浜生糸取引所の二カ所が残るだけになってしまった。

第４表　生糸上場の取引所一覧

取引所名	取引期間
山形米穀生糸取引所	明治27年 1月～明治35年 5月
福井絹糸米穀取引所	明治27年 4月～明治32年
前橋米穀繭糸取引所	明治27年 4月～明治34年 7月
福島蚕糸米穀取引所	明治27年 6月～大正5年5月
横浜生糸外四品取引所	明治27年 7月～昭和18年 3月
八王子蚕糸取引所	明治27年 7月～明治34年
長浜生糸米穀取引所	明治27年 8月～大正13年 6月
宮津米穀生糸縮緬取引所	明治27年12月～明治30年
福知山米穀生糸取引所	明治28年　　～明治31年
京都蚕糸織物取引所	明治28年　　～明治32年
上田繭糸米穀取引所	明治28年10月～明治33年12月
神戸蚕糸取引所	明治29年 7月～明治35年12月
米沢蚕糸絹織物米穀取引所	明治29年11月～明治32年
松本繭糸米穀取引所	明治30年　　～明治32年
新潟三品取引所	明治30年　　～明治32年
新発田繭糸米穀取引所	明治30年12月～明治37年
甲府四品取引所	明治30年　　～明治39年
中条二品取引所	明治31年10月～明治34年
名古屋蚕糸綿布取引所	明治31年　　～明治35年 7月
五泉蚕糸米穀取引所	明治32年 2月～明治35年 7月
京都米穀商品取引所	明治32年　　～明治40年 2月
京都取引所	明治40年 3月～大正 4年 1月
東京商品取引所	不　詳　　～明治41年12月
東京米穀商品取引所	明治41年12月～昭和15年 5月
神戸取引所	昭和 3年12月～昭和18年 1月

（出典：神戸生糸取引所所史編纂委員会編『神戸生糸取引所所史』神戸生糸取引所、1997 年）

太平洋戦争前までの取引所の取引は、乱高下、投機のゆき過ぎなどの欠陥が見られたため、監督官庁の指導を受けてきた。戦時中は統制経済によって厳しく統制されたので、取引所は次々と閉鎖を余儀なくされ、解散してしまった。

戦後になると、戦前の取引所法は、一九四

八（昭和二三）年に名称だけ変更して「商品取引法」となったが、一九五〇（昭和二五）年一月に全面改正され、同年八月二〇日施行された。この法律の特徴は、従来の官指導や官による統制制度を廃して、取引所自体による自治制を基本原則にしたことであった。また、主な改正点は、設立に際して免許主義を登録制度に、取引組織を株式会社から会員組織にし、今まで営利に走った株式会社の投機行動の是正を行い、限定された会員制度にしたことであった。

戦後は、この法改正によって新たに取引所が設立され動きだした。

2　神戸生糸取引所の誕生と歩み

神戸には神戸生糸取引所の前身である神戸米外四品取引所が、一八八七（明治二〇）年八月に設置され、当初は米・公債証券株式・石油・肥料・製茶を取扱っていた。六年後の一八九三（明治二六）年八月には石炭を加え、神戸米外五品取引所に名称を変えた。この名称変更から三年後の一八九六（明治二九）年九月二二日には、株式会社組織にするため一旦解散をし、四日後の同月二六日に株式会社神戸米穀株式外四品取引所を設立した。

神戸には、この株式会社神戸米穀株式外四品取引所が設立された同年七月に、蚕糸を取扱う別の神戸蚕糸取引所が開設され（第3表参照）、翌年六月には鉄などを追加して神戸蚕糸外七品取引所となって取引を始めた。しかし、この取引所は開業以来業績が振るわず、一九〇二（明治三五）年一二月に解散してしまった。

その後、株式会社神戸米穀株式外四品取引所は、一九〇六（明治三九）年六月、神戸米穀株式取引所に改称、さらに、一九一九（大正八）年六月には、神戸取引所と名称を変更した。この時点までは生糸の取引は行っていなかったが、一九二八（昭和三）年一二月一二日から生糸の上場をしだし、これが後の神戸生糸取引所の始まりとなった。

一九四一（昭和一六）年一二月、太平洋戦争が始まると、戦時統制が一層強化され、清算市場の値幅制限などに厳しい制約が加わるようになり、ついに一九四三（昭和一八）年一月八日、神戸取引所蚕糸部取引員は全員廃業を決議し、翌日市場閉鎖を大蔵省に認可申請し、一四年間余にわたる生糸取引を閉じた。

戦後、一九四九（昭和二四）年春には生糸の規制が撤廃され自由取引が再開された。生糸取引所を設立して取引ができる環境になってきたが、商品取引法の改正がＧＨＱの承認をえるまでに手間取り、設立は遅れていた。

神戸ではこの商品取引法が施行される見通しとなった一九五〇（昭和二五）年七月、生糸取引所の設立準備委員会を立ち上げた。商品取引法は同年八月、全面改正され公布、施行の運びとなった。

この法律が施行されると、生糸取引所設立準備委員会は、同年九月以降発起人会を開催するなどして開設に向けて準備を進めた。翌一九五一（昭和二六）年二月二四日には、創立総会を開催し、総会の議決をえて同年二月二六日、農林省に神戸生糸取引所設立登録申請書を提出した。農林省は同年四月一七日、登録手続きを済ませ、神戸生糸取引所は同月二三日に設立登記を完了した。

写真11　神戸生糸取引所の立会風景

注：撮影年不詳、写真は取引所ビル内。（出典：神戸生糸取引所『神戸生糸取引所十五年史』神戸生糸取引所、1966年）

立会い場所は神戸市生田区京町七九番地日本ビル一階で、同年五月一四日から生糸の取引を始めた。翌昭和二七年一月二六日には、神戸市生田区播磨町に取引所ビルが竣工したので移転し、同月二八日から立会いを開始した。

戦後の日本経済は右肩上がりの上昇機運であったので、生糸の取引価格も年々上昇していった。

一九五五（昭和三〇）年には、国民所得は戦前の水準を越え、「もはや戦後ではない」といわれた神武景気を迎えていた。約三一カ月続いた神武景気も一九五七（昭和三二）年後半からはナベ底不況を迎え、神戸も横浜の生糸取引所も生糸の暴落で閑散な取引となり苦しむ時期を迎えた。

神武景気の後も岩戸景気、オリンピク景気、いざなぎ景気、列島改造ブームなどの好景気が訪れ、この好景気の後には必ず大不況の時期を迎えた。生糸取引所も、これらの好景気と大不況の大波にさらされながら取引を行ってきた。

生糸取引所は、昭和四四年四月、神戸市中区東町に用地を取得し、ここに翌年一月末に神戸シルクセンタービルを竣工、同年二月一日から立会いを始めた。

3　阪神淡路大震災による取引停止

兵庫県南部を震源とするマグニチュード七・三という直下型地震（阪神淡路大震災）が、一九九五（平成七）年一月一七日に発生し、広い地域で尊い生命と財産を失った。

この大地震によって神戸生糸取引所の入っていた神戸シルクセンタービル（神戸市内）も被災し、倒壊こそ免れたものの内部は大被害を受け、業務は停止に追い込まれた。震災の混乱した状態の中で、しばらく取引を停止していたが、取引所の修復工事完了を待って再開するまでは待てなかった。そこで関西農産商品取引所（大阪市西区阿波座）を間借りし、仮設市場で一月三〇日から立会いを始めた。

そして、修復が終了し生糸取引所の場所に戻って立会いができたのは、震災から四一日めの二月二七日のことであった。

一九二三（大正一二）年九月一日に発生した関東大震災の時は、横浜の取引所は二カ月間業務を停止し、同年一一月一日に再開にこぎつけた。

横浜にしても神戸にしても、震災の発生時期は違っているが、災害がもたらした取引業務への影響は大きかった。

4　合併へ向けての取組と終焉を迎えた取引所

一九五一（昭和二六）年に誕生した神戸生糸取引所や横浜生糸取引所は順風満帆で進んできたわけではない。好景気の狭間に生じた大不況や第一次オイルショック、第二次オイルショックなど世界経済の変動にも苦しめられてきた。

一例をあげれば、昭和三〇年代初めは神武景気にわいていたが、一九五七（昭和三二）年、金融引締めが始まると国内の生糸需給が減退しだし、輸出、内需共に低下し、生糸の大暴落を招いてしまった。この大暴落の防止策として、生糸の買い支えにでた農林省は、買え支え資金が底をつくこともあり、製糸業者が売り急いだため大暴落していった。このような糸況のため、生糸取引は閑散となってしまい、生糸取引所は重大な経営危機に追い込まれ、多数の職員を削減するという組織の存続に波及するような事態になった。

このように、生糸取引所は幾度も厳しい荒波を越えながら平成時代を迎えた。

一九〇〇（平成二）年になると、農林水産省は同省関係の商品取引所に合併推進指針を提示し、合併に向けた指導を行うようになった。同省がこのような指導を行うようになった発端は、商品取引所法の改正案を国会に提出したことに始まった。同法の国会審議中において、大型化・総合化・国際化をはかる上で、取引所の合併が遅れていることが指摘された。

農林水産省は早速、商品取引所の大型化をはかるため、神戸生糸取引所・横浜生糸取引所・豊橋乾繭取引所・前橋乾繭取引所（以下、これらを「四取引所」という）の合併を進めることにした。

農林水産省から合併要請を受けた四取引所は、繭糸取引所連合会の中に、繭糸四取引所合併問題等協議会と専門委員会を設置して協議を重ねた。各取引所内にも合併問題検討委員会を設けて検討を行った。しかし、こうした協議会や委員会等では意見の一致をみることはできず、農林水産省が望むような合併に向けた取組をすることはできなかった。

農林水産省は、翌一九九一（平成三）年七月に四取引所の理事長を招いて、四取引所の統合案と地域統合案を示したが、それぞれに都合があって合併することはできなかった。

バブル経済の崩壊した平成時代初めの蚕糸情勢は、非常に衰退しだしていた。このような蚕糸情勢の中で農林水産省は、神戸生糸取引所と豊橋乾繭取引所との合併について指導を行ったが、豊橋側の反対で実を結ぶことはできなかった。一九九四（平成六）年二月になると、農林水産省は方針を変えて神戸生糸取引所と関西農産商品取引所（以下、「二取引所」という）との合併に乗りだした。

同年二月一八日、同省食品流通局長は、この二取引所の理事長を招き、両者の合併を検討するよう要請した。

この要請を行った前年（平成五年）の蚕糸情勢は、養蚕農家約二万七〇〇〇戸、収繭量約一万一〇〇〇トン、生糸生産量約七万一〇〇〇俵（一俵は六〇キログラム）という、戦後の最盛時に比較すると養蚕戸数は一〇〇分の三、収繭量は一〇〇分の六、生糸は五分の一に満たない状況に減少していた。

農林水産省の合併要請を受けた二取引所は、協議を重ね合併へ向けて動きだした。関西農産商品取引所は、一九九三（平成五）年一〇月に「大阪穀物取引所」「大阪砂糖取引所」「神戸穀物商品取引所」が合併してできた取引所である。神戸生糸取引所にすれば、当時の蚕糸情勢からして、明るい将来展望が持てないと判断し、合併をすることにした。

協議が整った神戸生糸取引所は一九九七（平成九）年四月一日、大阪市内にある関西農産商品取引所（大阪市西区阿波座）に合併し、関西商品取引所として発足した。この合併によって神戸市内にあった神戸生糸取引所の歴史ある名称は消え去った。

関西商品取引所で行われていた生糸取引は、その後、取引量が激減し、二〇〇六（平成一八）年四月には立会い休止に追い込まれ、その後間もなく上場廃止をし、関西での生糸取引の幕を下ろしてしまった。

横浜で生糸取引を行っていた横浜生糸取引所は、一九九八（平成一〇）年一〇月に前橋乾繭取引所と合併し横浜商品取引所となったが、神戸と同様に取引が減少し、二〇〇六（平成一八）年三月三一日をもって閉鎖し、東京穀物取引所に合併、ここで生糸取引を続けてきた。しかし、取引量が激減したため、神戸よりも約三年五カ月ほど遅れた二〇〇九（平成二一）年九月三〇日をもって立会いを休止し、翌月上場を廃止してしまった。

この両取引所によって世界へ向け生糸価格を発信していたが、上場廃止によって海外への生糸価格情報は途絶えてしまった。これまでに取引所が果たしてきた役割は非常に大きかったといえる。

写真12　神戸生糸取引所の立会風景（神戸シルクセンタービル内）

（出典：前掲『神戸生糸取引所所史』）

具体的には価格変動の危機を防止し、生糸価格を形成することによって実物取引の道案内役をしてきた。時には生産者・需要者に価格変動の警鐘を鳴らすなど、生糸流通機構の中で大きな役割を果たし、また、戦後は繭生産農家と繭需要者（製糸会社等）との繭価協定にも、生糸取引価格が取入れられ、両者に公平な価格を決定する役目を果たしてきたのである。

6　関東大震災以降における神戸港からの生糸輸出状況

先述のとおり横浜一港によって行っていた生糸・絹物類（絹織物・絹製品）輸

第５表　1923（大正12）年の神戸港からの生糸輸出量

（単位・俵）

月　別	生糸輸出量
9 月	1,742
10 月	7,891
11 月	3,053
12 月	2,509
計	15,195

注：１俵は60kg。（出典：前掲『生糸絹織物と神戸』）

出は、一九二三（大正一二）年九月一日の関東大震災以降、神戸港からも始まり、二港による輸出が始まった。

神戸港からの生糸・絹物類輸出は、兵庫県ばかりでなく、西日本の蚕糸業に携わる人々に大きな希望と期待を与えた。これに反し、震災以降もなんとしても横浜一港で対応したいという横浜の生糸等の輸出に携わってきた人々にとっては、神戸の動きに狼狽し、大きな危機感を抱いていた。

１　初期の生糸輸出に関わった人々

関東大震災から一一日後の九月一一日、三井物産、日本綿花、横浜生糸、鈴木商店、江商株式会社の生糸を取扱う五社は、神戸港から生糸を輸出することを決め、横浜生糸輸出会や外人生糸組合に通知した。九月一二日には神戸港から横浜生糸社の生糸一〇俵（一俵六〇キログラム）がエムプレス・オブ・エシア号に積み込まれた。九月一五日からは、神戸において信州の片倉、同丸ト組、和田山小口組、同木曽川工場、米子の日本製糸、九州の製糸会社などの荷受けが始まった。同一九日には日本綿花、三井物産、鈴木商店の生糸一二〇俵が日本郵船常盤丸に積み込まれ、神戸港からの輸出が本格的に始まった。

神戸港からの一九二三（大正一二）年九月から一二月までの四カ月間の生糸輸出量を第５表に示したが、一万五〇〇〇俵余の生糸が海外に渡っていった。

神戸港から生糸輸出が始まった九月、神戸に生糸部を設置したのは、三井物産、日本綿花、鈴木商店、江商、片倉製糸であった。遅れて河野貿易、旭シルクが加わった。一方、外国側はエー・シュウルテス商会、ソルザー・ルドルフ商会、シーベル・ヘグナー商会、ゼルウヘイガー商会、サミュエル商会、ゼルウエガ商会、ホフア商会、フーバー商会といった会社が神戸で生糸を扱った。

神戸で生糸輸出が始まると、当然のことながら生糸保管倉庫が必要になった。当初の生糸保管は三菱・東神・住友の各社が応急施設に加え内部の一部改造を行って対応をした。しかし、輸出量が増加していったので一九二五（大正一四）年からその翌年にわたって最新式の生糸倉庫を各社が次々と建設し、倉庫はほぼ完備できた状態になった。

2 神戸・横浜両港からの生糸輸出量

第6表　大正末から昭和初期における生糸輸出量

（単位・大正13から昭和２年までは担、昭和以降は百斤）

年　次	総生糸輸出量	うち横浜港	うち神戸港
大正13年	372,564	323,365	49,149
大正14年	438,449	366,655	71,794
昭和元年	442,978	362,056	80,922
昭和 2年	521,773	408,131	113,642
昭和 3年	549,256	413,470	135,786
昭和 4年	580,950	425,341	155,609
昭和 5年	477,322	336,219	141,103
昭和 6年	560,577	400,421	159,987
昭和 7年	548,541	370,105	178,145
昭和 8年	484,035	338,576	145,453

注：１担、百斤、ともに60 kg。（出典：前掲『昭和14年7月　蚕糸業要覧』1939年）

震災の翌一九二四（大正一三）年上半期になると、横浜の復旧も進み、三井物産（生糸部）、片倉製糸、ソルザー・ルドルフ商会、サミュエル商会、フーバー商会が、神戸から横浜へ引上げた。これら商社の撤退は、神戸側にとって大きな痛手であったが、旭シルク、河野貿易、エー・シュウルテス商会の取扱量が増大し、新たに日本生糸やジャーデン・マセソン商会が参入してきた。一旦横浜へ引上げた三井物産生糸部も同年下期には神戸支店に再度生糸部を設置したので輸出量は増加し、神戸港からの輸出体制は整えられていった。

第６表に大正末期から昭和初期における生糸輸出量とあわせ横浜・神戸両港の輸出量を示した。この表からわかるように、神戸からの生糸輸出量は年々増加していった。しかしながら、戦前は

第7表　戦後日本の生糸輸出量

（単位・俵）

年　次	生糸輸出総量	うち横浜港	うち神戸港
昭和21年	86,427	56,929	29,498
昭和25年	94,622	66,242	28,380
昭和30年	86,514	70,282	16,232
昭和35年	88,323	69,934	18,389
昭和40年	17,285	13,455	3,830
昭和45年	1,242	745	497
昭和46年	1,146	239	907
昭和49年	786	179	607

注1：昭和50（1975）年以降の生糸輸出はなし。
注2：1俵は60 kg。
（出典：農林水産省農蚕園芸局編『昭和57年版　蚕糸業要覧』日本蚕糸新聞社、1982年）

写真13　神戸港での生糸積込み

（出典：前掲『生糸絹織物と神戸』昭和20年代ごろ撮影）

横浜の輸出量を越えることはなかった。生糸輸出量が最高を示した昭和四年では、横浜七三対神戸二七、神戸港からの輸出量の多かった昭和七年でも横浜六七対神戸三二の比で、横浜からの生糸輸出量が非常に多かった。

戦後も長い間、横浜からの輸出量が神戸よりも多かったが、第7表に示したように、昭和四六年以降は神戸の方が横浜よりも生糸輸出量が多くなった。しかし、この時期になると、生糸輸出は末期を迎えており、非常に少ない数量になっていた。ついに、一九七四（昭和四九）年を最後に、生糸輸出は終わりを迎えた。

現在の日本は、世界でも有数の生糸輸入国となっており、蚕糸王国日本の姿は消えてしまった。

7　関東大震災以降における西日本の養蚕業

関東大震災以降、西日本における養蚕業はどのような動きをしていたのか、この概況についてふれておくことにする。

第８表から全国や東日本・西日本別の養蚕業の動きが概略であるが読みとることができる。

この表には一九一六（大正五）年から一九五二（昭和二七）年までの繭生産量と東部・西部の繭生産量比率を抜粋して示した。なお、この表中の東部は静岡・山梨・長野・新潟各県よりも東方の都県を、愛知・岐阜・富山各県よりも西方の府県を西部として、東西の比較をした。

戦前、特に昭和初期になると、養蚕業は東西が伯仲した繭生産量になったが、太平洋戦争後になると、西部の割合は大きく落ち込んでいった。東部も産繭量は落ち込んでいったが、それ以上に西部の落ち込みが大きく、神戸の蚕糸の後背地が縮小しだし、神戸港からの輸出量を減少させることになった。

次に戦後の産繭量をみてみよう。ここに農林蚕糸統計は示さなかったが、この統計（蚕糸要覧）から読みとった傾向を記しておく。

一つは、戦後の繭生産量は少数の特定の府県に偏るようになってきたことである。

第８表　繭生産量の東西比較

（単位・貫）

年　次	全国の生産量	うち東部（%）	うち西部（%）
大正 5年	57,084 貫	65.4	34.6
大正10年	63,327	56.2	43.8
昭和元年	86,763	52.3	47.7
昭和 5年	106,463	51.6	48.4
昭和10年	82,066	52.7	47.3
昭和15年	87,546	60.0	40.0
昭和20年	22,569	65.2	34.8
昭和25年	21,444	73.2	26.8
昭和27年	27,545	75.7	24.3

注１：静岡・山梨・長野・新潟県より東方を東部、愛知・岐阜・富山県より西方を西部とした。
注２：１貫は3.75kg。
（出典：前掲『生糸絹織物と神戸』）

写真14　昭和20年代ごろの蚕の棚飼い（給桑作業）

（出典：前掲『生糸絹織物と神戸』）

一九五〇（昭和二五）年を例にとるならば、三七五〇トン（当時使用していた尺貫法の一〇〇万貫）以上を生産していた県は、長野・群馬・埼玉・山梨・福島・愛知の六県で、全国の生産量の約五九パーセントを占め、一〇〇万貫近い量を生産していた岐阜県を含めると約六三パーセントを占めていた。

一九五五（昭和三〇）年の場合では、四〇〇〇トン以上生産していた県は、群馬・長野・埼玉・山梨・福島・山形・岐阜の七県で、全国の生産量の約六六パーセントを占め、これに続いて茨城・愛知・熊本・新潟各県が三〇〇〇トン以上で、他の都府県を大きく引き離していた。

一九六五（昭和四〇）年の場合では、三〇〇〇トン以上生産していた県は、群馬・長野・山梨・埼玉・福島・山形・茨城県の七県で、全国の生産量の約七四パーセントを占め、東日本の数県に偏重する傾向が続いていた。

もう一つは繭生産量と同様に、養蚕戸数、桑園面積などの傾向も、東日本の数県に偏重するようになっていった。戦後の国内は、第二次産業、第三次産業がめざましい発展を遂げていったので、農村の若い労働力は他産業に流出し、賃金格差の拡大、円高、従事者の高齢化・安価な絹製品の大量輸入などによって、第一次産業の養蚕業は衰退の一途を辿っていったのである。

8　関東大震災以降における西日本の製糸業

1　製糸業の発達

製糸業の様子を把握することのできる統計がまとめ始められたのは、どうやら一九〇五（明治三八）年のことのようである。

この明治三八年の製糸工場数の統計（蚕糸業要覧）をみると、全国には四一万一九四七工場があった。このほとんどが家内工業的な一〇釜未満の工場で、その数は、四〇万七二二四工場あった。つまり、約九九・九パーセントパーセントが零細な座繰製糸であった。残る〇・一パーセントに含まれる工場は、一〇釜以上五〇釜未満が三八〇九工場、五〇釜以上一〇〇釜未満が六〇三工場、一〇〇釜以上は三〇七工場であった。この四一万余の製糸工場で一九四万九一二〇貫（一二万一八二〇俵）の生糸を生産し、この内七万二七九五俵を輸出していた。この当時は、まさに人海作戦による製糸作業であった。

このような零細な製糸工場は年々減少していったが、太平洋戦争前までかなりの座繰製糸が稼動しており、一九四〇（昭和一五）年でも約三万八〇〇〇弱の工場が零細な座繰製糸に携わっていた。戦後の昭和三〇年代でも全国に約三〇〇〇余の工場が座繰製糸を続けていた。

一方、製糸工場の大規模化は明治時代から始まり各地に大型の製糸工場が誕生していった。一九二二（大正一一）年には、第9表に示したように三〇〇釜以上の大きな工場が現れ、一〇〇〇釜を越す大型の製糸工場も稼動しだした。大型工場は昭和初めの世界経済恐慌の影響を受けだした一九三〇（昭和五）年ごろまでは増加したが、それ以降は、長引く不況の中で規模縮小や倒産する会社が続出し、減少するようになっていった。

終戦を迎えた一九四五（昭和二〇）年には、全国の器械製糸工場は一六〇工場に減少していた。その後昭和二三、二四年には三〇一工場にまで増加したが、その後は減少し続け、一九九五

第9表　大正末期から昭和初期の大型製糸工場数

（単位・釜）

年　次	100 ～ 300 釜未満	300 ～ 500 釜未満	500 ～千釜未満	千釜以上
大正 9	836	——	——	——
〃 11	644	105	70	9
〃 13	579	96	78	8
昭和元	597	107	85	8
〃 3	682	126	82	8
〃 5	717	133	77	5
〃 7	652	119	64	——
〃 9	595	98	49	3
〃 11	495	98	54	1

注：釜とは女工１名が座繰機で複数の数条、多条繰糸機・自動繰糸機で 20 条繰糸する単位。（出典：前掲『昭和 14 年７月蚕糸業要覧』1939 年）

第10表　戦前と戦後の製糸工場の東西比較

工場設備	年　次	全　国	うち東部	うち西部
工場数（うち自動機）	昭和12年	1,892	1,068	824
	昭和32年	280（62）	175（38）	105（24）
釜数（うち自動機）	昭和12年	196,547	114,164	82,383
	昭和32年	45,131（4,632）	28,889（3,237）	16,242（1,395）

注1：静岡・山梨・長野・新潟県より東方を東部、愛知・岐阜・富山県より西方を西部とした。
注2：自動機は戦後開発された自動繰糸機のことである。
（出典：前掲『昭和14年7月　蚕糸業要覧』1939年／『昭和37年版　蚕糸業要覧』日本蚕糸広報協会、1962年）

（平成七）年には二七工場が運転しているだけになってしまった。

戦前からの器械製糸工場を東西に分けてみると、どうなっていたであろうか。

第10表に戦前の一九三七（昭和一二）年と戦後の一九五七（昭和三二）年の器械製糸工場数と釜数を東西に区分けして示した。この表からわかるように、戦前戦後を通じて西部の方が東部よりも器械製糸工場数や釜数が少ない。西部は特に戦後、繭生産量の減少時期が早かったので、製糸業に大きく影響し、工場数の減少をはやめた。しかし、東部・西部の製糸工場には近代的な自動繰糸機が導入され、この生糸が輸出の主力をなした。

日本には、器械製糸工場の他に、国用生糸工場や玉糸生糸工場が各地にあった。

戦後、一九四九（昭和二四）年ごろから座繰製糸の中に器械座繰を実施する者が多く現れ、これを国用生糸として区分されるようになった。また、玉繭（二頭以上の蚕が共同して作った繭）の生糸を繰糸する工場（玉糸製糸工場）も多くあった。器械座繰工場は一九五〇（昭和二五）年に全国に六四八工場、一九五五（昭和三〇）年には七〇九工場、一九六〇（昭和三五）年には七九一工場と増加していったが、一九六五（昭和四〇）年には六一〇工場、一九七〇（昭和四五）年には四四三工場と次第に減少し、一九九五（平成七）年には二七工場が運転しているだけになってしまった。

器械玉糸製糸工場についてみると、一九五四（昭和二九）年に八九工場、翌一九五五（昭和三〇）年に九一工場、一九六〇（昭和三五）年に九七工場と微増したが、一九六五（昭和四〇）年に六四工場、一九七〇（昭和四五）年に四九工場、一九七五（昭和五〇）年に三三工場、一九八五（昭和六〇）年に一六工場と減少し、一九九五（平成七）年には一一工場が稼動しているだけとなってしまった。

二〇一二（平成二四）年現在、国内では器械製糸工場二工場と国用生糸工場と云われた工場を合わせて七工場が稼動しているだけである。このように平成時代に入って製糸工場は急激に減少してしまった。

2 神戸・横浜の生糸入荷状況

関東大震災以降、神戸市は神戸港からの生糸輸出をめざして懸命に取組み、従前の横浜一港から神戸を入れた二港による輸出体制にこぎつけ、神戸生糸市場を発足させた。

写真15　伊藤製糸場外景（明治37年撮影）

注：明治7年から器械製糸操業。（所在地・三重県三重郡四郷村室山。現・四日市市室山。平田卓雄氏所蔵）

写真16　伊藤製糸場の繰糸場の様子（大正元年撮影）

注：昭和13年室山製糸株式会社となり、同16年亀山製糸株式会社室山工場に合併。（平田卓雄氏所蔵）

この神戸港からの生糸輸出にどれだけの都府県の製糸会社等蚕糸関係者が協力したであろうか。その目安となるのが、神戸・横浜の都府県別生糸入荷量である。この入荷量を農林統計からみてみよう。

本格的な生糸輸出が始まって五〜六年めの

第11表　1927～28（昭和2～3）年における横浜・神戸市場生糸入荷量の都府県別区分

<table>
<tr><th colspan="2" rowspan="2">入荷先区分</th><th colspan="2">都　府　県　名</th></tr>
<tr><th>昭和2年</th><th>昭和3年</th></tr>
<tr><td colspan="2">横浜入荷のみの都府県</td><td>青森、岩手、宮城、秋田、山形、福島、茨城、栃木、埼玉、千葉、東京、神奈川、長崎</td><td>青森、秋田、栃木、埼玉、東京、神奈川</td></tr>
<tr><td colspan="2">神戸入荷のみの府県</td><td>な　し</td><td>大阪、香川</td></tr>
<tr><td rowspan="2">横浜・神戸両者入荷の府県</td><td>うち横浜への入荷量が多い府県</td><td>群馬、新潟、富山、福井、山梨、長野、岐阜、静岡、愛知、三重、奈良、鳥取、島根、岡山、高知、佐賀、熊本、大分、宮崎、鹿児島</td><td>岩手、宮城、山形、福島、茨城、群馬、千葉、新潟、富山、福井、山梨、長野、岐阜、静岡、愛知、三重、奈良、島根、岡山、佐賀、長崎、大分、鹿児島</td></tr>
<tr><td>うち神戸への入荷量が多い府県</td><td>石川、滋賀、京都、兵庫、和歌山、広島、山口、徳島、香川、愛媛、福岡</td><td>石川、滋賀、京都、兵庫、和歌山、鳥取、広島、山口、徳島、愛媛、高知、福岡、熊本、宮崎</td></tr>
</table>

（出典：前掲『昭和14年7月　蚕糸業要覧』1939年に掲載された統計資料をもとに著者が作成）

一九二七～二八（昭和二～三）年の横浜・神戸両生糸市場への生糸入荷量から筆者が第11表を作成した。この表からわかるように、東北・関東地方の都県は横浜へ集中して生糸を送っている。近畿・中国・四国・九州の府県は、神戸に送っている傾向がみられるが、しかし、かなりの県が横浜に多く送っており、旧来からの横浜とのつながりが強く、新規の神戸と違いをみせていた。

大正一二年の神戸港からの輸出に力を入れたのは、地元兵庫県の蚕糸関係者は当然のことながら、京都の郡是製糸株式会社（綾部）をはじめ四国の製糸会社等関係者が全面的支援を行ったこともあり、これらの地帯から神戸へは大量の生糸を送り込んでいた。

しかし、神戸港から本格的な生糸輸出が始まったばかりの時代は、旧来から横浜とのつながりの強い地帯は、神戸へ全面的に生糸を送り込むようなことはしなかった。つまり横浜と結びついた製糸会社の地盤が関係しており、西日本全域の生糸を、輸送距離の近い神戸港に集めることはできなかった。第11表からもわかるように、九州・中国地方・近畿地方の各地にこのような傾向がみられた。従って横浜は、関東大震災後も東北・関東・甲信の蚕糸地帯の後背地を持っていたばかりでなく、西日本の蚕糸地域も取込んでいたので、生糸輸出量は神戸港からの輸出量よりも非常に多かった。

9　近年の蚕糸業・織物業

横浜港と神戸港からの生糸輸出量の違いはあったが、両港の生糸輸出を支えてきたのは、いうまでもなく国内各地の蚕糸業である。

日本の蚕糸業は、横浜開港以来、しばしば外国の大きな経済不況の影響を受けたが、この苦境を乗り越え、遂に一九〇九（明治四二）年には、生糸輸出量世界一となり蚕糸王国の座についた。この地位は戦後も維持してきたが、一九七七（昭和五二）年には、生糸生産量世界一の座を中国に譲り渡してしまった。

それでは、近年の国内の蚕糸業はどうなっているであろうか。第12表には一九七五（昭和五〇）年以降の桑園面積、養蚕戸数、繭生産量、生糸生産量を示した。

第12表　1975（昭和50）年以降の全国蚕糸統計

年　次	桑園面積（千 ha）	養蚕戸数（千戸）	繭生産量（t）	生糸生産量（俵）
昭和50年	150.6	248.4	91,219	336,146
昭和60年	96.8	99.7	47,274	159,859
平成 7年	26.3	13.6	5,350	53,810
平成12年	5.9	3.28	1,244	9,312
平成23年	0.99	0.655	220	731

注：1俵は60kg。（出典：農林水産省農産園芸局蚕糸課編『蚕糸業要覧』農林水産省農産園芸局蚕糸課、1998年／農林水産省生産局特産振興課編『平成12年度　蚕業に関する参考統計』農林水産省生産局特産振興課、2001年／大日本蚕糸会蚕糸・絹業提携支援センター編『シルクレポート』7月号、大日本蚕糸会蚕糸・絹業提携支援センター、2012年）

この表からわかるように、特に平成時代に入ると、急激に桑園面積、養蚕戸数、繭生産量、生糸生産量が減少していった。平成初めのバブル経済崩壊が蚕糸業に大きな影響を与えた。国内の桑園面積は、一九八五（昭和六〇）年には一〇万ヘクタール近くあったが、二〇〇〇（平成一二）年には、

第13表　1990～2010（平成2～22）年の養蚕戸数・繭生産量の東西比較

年　次	養蚕戸数（戸）		繭生産量（t）	
	東　部	西　部	東　部	西　部
平成 2年	42,730	9,330	20,981.2	3,943.7
平成 7年	11,120	2,520	4,528.5	821.7
平成12年	2,791	489	1,105.4	138.7
平成17年	1,401	190	581.9	44.4
平成22年	715	38	255.2	9.3

注：静岡・山梨・長野・新潟県より東方を東部、愛知・岐阜・富山県より西方を西部とした。（出典：前掲『平成2年度　蚕業に関する参考統計』1991年／『平成7年度　蚕業に関する参考統計』1996年／前掲『平成12年度　蚕業に関する参考統計』農林水産省生産局特産振興課、2001年／『平成17年度　蚕業に関する参考統計』2006年／前掲『シルクレポート』2012年7月号より著者作成）

写真17　京都府網野町内の織物工場

（2002年著者撮影）

三分の一以下と往時の面影はなくなってしまった。

養蚕農家戸数も一九八五（昭和六〇）年には、一〇万戸近くあったが、二〇一一（平成二三）年には、一千戸を大きく割り込んでしまった。繭生産量や生糸生産量も、同様に大きく落ち込んでしまい、貴重な国内産の繭・生糸になってしまった。

第13表には養蚕戸数や繭生産量を東西別に表示したが、近年の養蚕業は、全体に減少している中でも、東日本に偏重し、西日本は激減してしまった。

現在、国産の生糸や国産の絹織物・絹製品は貴重なものとなってしまい、輸入生糸や輸入絹織物・絹製品が主体になって流通している。

このような中で、蚕糸業・染織業・流通業界に携わっている川上から川下の人たちは、純国産絹製品の良さと絹文化を再興するために、一生懸命取組みをしている。

蚕糸業界の復興の第一段階は、高齢化の進んだ養蚕農家構造をいかにして脱却するか。今後どれだけの若者や農業法人が、養蚕業に取組んでくれるかが蚕糸業復活への鍵となっている。また、製糸業、染織業、流通業界も同様に厳しい経営情況におかれているが、絹需要の増進取組みとあわせ、各業界の維持存続のための取組みが行われだしているので大きな期待が寄せられている。

第3章　シルク貿易を支えた蚕糸教育と蚕糸技術

1　蚕糸教育・蚕糸研究機関の始まり

幕末の開港間もなく、粗製乱造の生糸を海外に輸出し諸国から不評をかった。またその後、中国産生糸が海外に大量に進出してくると、競合することになった。そのため明治政府は、技術者たちを中国や生糸の大量消費国である欧米に派遣し蚕糸情勢を視察すると共に、蚕糸・織物業の先進国であるフランスやイタリアにも技術者たちを派遣し、技術習得と実態調査を行い、優良生糸の製造による海外生糸市場の確保に努めてきた。

その一方で、明治時代から優良生糸生産のために蚕糸の試験研究機関の設置や蚕糸教育に非常に力を入れ、蚕糸業振興に努めてきたのである。

蚕糸の教育をみると、小学校で養蚕に関する初等教育、蚕業学校等の設置による中等教育を行い、さらに高等教育では蚕糸専門の教育専門校の設置や旧帝国大学に養蚕講座を設け、養蚕後継者育成や研究者・技術者たちの養成が行われ、蚕糸技術の向上に取組んできた。

1　初等及び中等蚕糸教育

養蚕の初等教育についてみると、一八八一（明治一四）年には、小学校で養蚕や桑の栽培を教育することが定められ、一九八一（明治二四）年には、高等小学校に養蚕の教科を定め、農家の子弟を教育し始めた。

中等蚕糸教育機関としては、府県や郡などに蚕業学校、農蚕学校の設置、農業学校に養蚕科を併置するなどし、蚕糸教育を始めだした。

中等蚕糸教育機関の中では、長野県小県《ちいさがた》蚕業学校（現在の長野県立上田東高等学校、上田市）が最も古く、一八九二（明治二五）年に、続いて福島県立蚕業学校（現在の福島県立明成高等学校、福島市）が一八九六（明治二九）年に設立され、その後、国内各地に蚕業学校・農蚕学校等が次々と設置されていった。

民間でも高山《たかやま》社（群馬県）、競進《きょうしん》社（埼玉県）などが蚕糸教育を行い、技術者・後継者の養成をした。

2　高等蚕糸教育と研究機関

最高蚕糸教育機関としては、上田（現在の信州大学繊維学部）、東京（現在の東京農工大学）及び京都（現在の京都工芸繊維大学）に蚕糸専門校を、鹿児島高等農林学校（現在の鹿児島大学）に養蚕科を設置、東京、北海道、九州の旧帝国大学に養蚕学の講座を置いて蚕糸教育に取組みだした。

このように、日本の蚕糸教育は手厚く実施され、多くの養蚕後継者の育成と技術者・研究者を輩出し、蚕糸技術の向上に努めてきた。

蚕糸関係の試験研究機関についてみると、一八七四（明治七）年、内務省勧業寮（寮は現在の局にあたる）に内藤新宿試験場が設置されたのが始まりである。

内藤新宿試験場が廃止されると、一八八四（明治一七）年には農商務省蚕病試験場（明治一九年、西ヶ原に移し農務局蚕業試験場に改称、明治二九年には東京蚕業講習所となる）が設置された。一九一一（明治四四）年、東京府豊多摩郡杉並村高円寺（現・東京都杉並区高円寺）に農商務省原蚕種製造所が新設された。府県に設立されていた蚕業関係の試験場も原蚕種製造所に改称された。その後一九一四（大正三）年、農商務省原蚕種製造所が、一九二一（大正一一）年には道府県原蚕種製造所が蚕業試験場に改称され蚕糸の研究を続けた。

3　民間の蚕種研究所

民間にも私設の研究所が設置された。製糸工場経営を行っている会社の中には蚕種製造も行い、蚕種研究所を設け、優良蚕品種の育成に取組んできた。民間の研究所を設置し、蚕種製造を行った会社としては、郡是製糸会社、片倉組普及団（片倉製糸）、原富岡製糸工場、鐘紡紡績会社などをあげることができる。

国や民間の研究機関とは性格が違うが、国内各地に内需用の生糸検査所も設置された。そして一九二〇（大正九）年に農商務省が「道府県生糸検査所規程」を公布し、内需用ばかりでなく輸出用絹織物の原料生糸の検査も実施されるようになった。太平洋戦争末期には農林省横浜生糸検査所、同神戸生糸検査所への生糸輸送が空爆による危険をともなうため、この両検査所職員が各地方検査所に駐在して検査を実施した。ちなみに、国の検査所は一八九六（明治二九）年、横浜と神戸に、輸出用生糸を対象とした生糸検査所が設置された。内需用生糸の検査所は一九〇六（明治三九）年に金沢・福井、一九二一（大正一〇）年に豊橋、一九二三（大正一二）年に京都、昭和に入り丹後・甲府・岡谷などの織物地帯や製糸業の盛んな地帯にも設置され織物の輸出にも努めてきたのである。

4　優良生糸生産をめざした研究

優良生糸を生産するということは、単に繭から上手に生糸を繰り取るだけでのことではない。原料の繭の質が良くなければならない。そのためには、優良蚕品種の育成、蚕の飼育法の改善、蚕の飼料である優良桑品の選出と栽培法、桑や蚕の病気の防除法、蚕種（蚕の卵）の保護取扱いなど、きめ細かな研究の積上げが必要である。また、優良繭ができても、製糸技術が伴わないと優良生糸はできない。そのために、繭の乾燥・貯繭法・選繭・煮繭・繰糸・揚返・綛や括造り法など、さまざまな面からの研究が必要であった。

日本の蚕糸業は、江戸時代の虫質・糸質の良くない蚕品種と幼稚な飼育技術・製糸技術からスタートし、研究者・技術者などのたゆまぬ努力によって、一歩一歩改善改良を重ね、世界に誇る蚕糸技術を産みだしてきた。

本章では、蚕糸技術や研究のすべてをここに網羅することなど到底できないし、蚕糸技術書でもないので、シルク貿易に貢献したいくつかの技術や研究事例を取上げ紹介することにする。

2　偶然発見した蚕糸技術

1　天然の冷蔵庫「風穴」――本格的な夏秋蚕飼育開始――

江戸時代には蚕種製造に携わる人など一部の技術者によって、経験や見聞に基づく蚕糸技術を〝蚕書〟（養蚕・製糸などの技術書）にまとめ、養蚕農家の指導が行われてきた。明治時代からのような本格的な蚕糸教育が行われたわけではない。そんな中で偶然の発見が、蚕糸業を大きく発展させることになった例を次に紹介したい。

日本で飼育している蚕品種には、一化性（一年一回、世代をおくり、卵で越冬）と二化性（年二回、世代を繰り返す）が古くからあった。従って、年二回養蚕を行うことは可能であったが、二化性蚕品種でいつでも飼育ができたわけではない。

少なくとも年二回以上の飼育を可能にし、夏秋蚕飼育を普及させたのが風穴《ふうけつ》の利用であった。わかりやすくいうならば、天然冷蔵庫に蚕種を保護したのである。

寒い地帯の山肌にある岩穴には、夏でも冬のような冷気を吹きだしているところがあり、この岩穴が春から夏の蚕種の冷蔵保護に使われた。蚕の飼育時期を風穴冷蔵によって自由に変えることができることを偶然にも発見し、産繭量を向上させ、輸出生糸量を伸ばすことができた。これは江戸時代における重要な蚕糸技術の発見であったが、この技術が各地に普及していったのは明治時代に入ってからであった。

風穴の発見と最初に利用しだしたのは、どこの誰かと問われることが多い。しかし、諸説があり定かではない。ここでは、その諸説の中でも最も有力な説にあげられている信州南安曇郡稲核村（現・松本市安曇〔稲核〕）前田家の風穴について説明する。

前田家の風穴は自宅裏にあり、岩窟から夏でも冬ののような冷気がでていた。穴は宝永年間（一七〇四～一七一一年）ごろにはあったと伝えられている。ここに漬物部屋を建て、夏から秋季にかけて使用し、美味しい漬物を食していた。夏期には松本城主にも、この漬物を献上していたという。

前田家の風穴に初めて蚕種を貯蔵したのは、文久年間（一八六一～六三年）のことで、前田家は喜三郎の代になっていた。

信州東筑摩郡和田村（現・松本市和田）の村人が前年、好成績を収めた繭からえた蚕種を、翌年の飼育に使用することを希望していたが、このまま自家保存したのでは飼育ができないので困り果てていた。このことを聞いた喜三郎は、この蚕種を風穴に貯蔵すれば蚕種の生理を抑制できるのではないかと考え、風穴への貯蔵を勧めてみた。和田村の村人は喜三郎の勧めに半信半疑であったが、前年の豊作が忘れられず蚕種の貯蔵を依頼した。村人は飼育時

写真１　別所村氷沢風穴

（所在地・長野県上田市別所温泉氷沢地籍。2011年４月著者撮影）

期になって貯蔵蚕種を取出してもらい孵化した蚕を飼育してみると、好成績を上げることができ、大喜びをしたという。

前田家の風穴利用の始まりについては、この他にも文久元年説、慶応元年説、明治六年説など様々な説があるが、紙幅の関係で諸説の記述は省略する。

前田家の風穴の話が近隣に知れわたると、信州では次々と風穴が見つけだされ、権令（現在の知事にあたる職）に使用許可の申請がなされるようになった。

この信州の申請例をみると、一八七三（明治六）年に筑摩《つかま》郡東條村（後の本條村・本城村。現・長野県東筑摩郡筑北村東条）の風穴が、一八七七（明治一〇）年には小県《ちいさがた》郡別所《べっしょ》村（現・上田市別所温泉）の氷沢風穴、諏訪郡中洲村（現・諏訪市中洲）の神宮寺風穴などが、次々と申請され、許可が下されて使用を開始した。そして風穴の成果は、たちまち他府県にも伝わっていった。

当初、信州の風穴に蚕種の貯蔵を依頼するところが多かった。一九一〇（明治四三）年には信州内だけでも一一二カ所も風穴ができ、他府県の蚕種の貯蔵も盛んに行われた。しかし、各々の県でも風穴や氷庫を建設するようになり、各地に普及していった。

古くから養蚕農家では「秋子《あきご》（秋蚕のこと）と味噌汁は当たつたためしなし」（秋蚕は作柄が何時も悪く当たったことがなく、味噌汁は食中毒を起こすことがない。つまり「当たらない」を掛け言葉にしている）と、よくいわれていたが、風穴での蚕種貯蔵は、秋蚕の発達に大きく寄与した。前田家の風穴での蚕種貯蔵の成功は、蚕糸業界に一大革命をもたらしたともいわれた。

写真1は一八七七（明治一〇）年に使用許可申請をした別所村氷沢風穴で、現在も風穴の石積み部分が保存されている。石積み上部に建築されていた茅葺《かやぶき》木造の建物は、撤去され現在は残っていない。別所氷沢風穴の説明板には、「気温三〇度の日中でも風穴の中は五度、積石の間からは三度の冷風がでている」と記されている。風穴のない地帯では、信州の風穴を真似て氷庫を作り、冬場に天然氷を切出し氷庫に積込み、蚕種を低温貯蔵した。このような氷庫が風穴のない府県に普及し、全国各地に建設されていった。写真2は神奈川県津久井郡津久井町（現・相模原市緑区中野）に一九一二（大正八）年二月建設された氷庫である。中野村の氷庫は人工池で氷を作り蚕種の貯蔵を行っていた。

このように、一世を風靡した風穴や氷庫であったが、アンモニア式冷蔵法による大型冷蔵庫の普及によって、だんだんと姿を消していった。

写真2　1919（大正8）年建設の神奈川県津久井郡中野村（現・相模原市緑区中野）の氷庫竣工式の様子

（シルク博物館蔵）

2　優良桑品種の発見

蚕の餌となる桑は、全国各地で生育しているが、どんな桑の葉でも、どんな品種でもよいというわけではない。桑の葉の優劣は蚕の発育ばかりでなく、繭の質にも大きく影響するので、古くから優良桑品種が求められてきた。

養蚕が盛んになりだした江戸時代には、蚕書の中に優良桑品種の紹介や増殖法（図1、図2参照）・栽培法などが記述され、その中の接木

図1　取り木による桑苗の増殖（江戸時代）

（出典：上垣守国『養蚕秘録』1803 年、シルク博物館蔵）

図2　接木による良桑の増殖（江戸時代）

（出典：上垣守国『養蚕秘録』1803 年、シルク博物館蔵）

法は、江戸時代の手法を改良し、現在でも主力の増殖法として実施され続けている。

この優良桑品種は、古くからたくさんあったわけではない。養蚕が盛んになるにつれて、各地で養蚕を行っている人々によって偶然に発見された品種が非常に多い。植えた桑苗の中に、きわめて生育の良い葉質の優れた苗木を偶然発見し、これを大切に育て、取り木あるいは接木法で増殖し、発見者の名前あるいは発見地名などを品種名にした。

これら優良桑品種でも、特に優れたものは現在でも広く栽培され続けている。

桑の品種は大きくは、①山桑系統の品種、②白桑系統の品種、③魯桑系統の品種に別けられる。

山桑系統の品種は耐寒性があるので北海道や東北地方の寒冷地に適している。白桑系統は山桑系統の品種よりも耐寒性にはやや劣るきらいがあるが、中生・晩生で葉の硬化が遅く晩秋蚕にまで適した品種で、厳しい極寒の地以外の地域で広く栽培されてきた。魯桑系統の品種は耐寒性に欠けるので北海道や東北地方の寒冷地には適さなかったが、晩秋遅くまで生長するので、温暖な地方に多く栽培されてきた。

こうした桑品種の住み分けがみられる中で、優良桑品種は各地で次々と発見され増殖されてきた。

(1)　江戸時代の優良桑品種

わが国で最も古い桑品種といえば福島県の柳田という早生桑がある。元和年間(一六一五〜一六二四年)に伊達郡粟野村字柳田(現・伊達市梁川町粟野)で栽培されていたというが、発見者は不明である。この時代には桑の育種方法など知る余地もないので、柳田は自然の中か、栽培桑の中から発見されたものであろう。

江戸時代には、柳田の外に鶴田、市平、六之丞、陳場、小幡、群馬赤木、権七、嘉左衛門、細江、遠州高助、多胡早生、小牧、鼠返、元右衛門、彦次郎、惣助、根小屋高助、九紋龍、城下、中間木、栄治、小国早生、大和、十文字など多くの名桑が普及した。このほとんどの品種が、各土地の個人によって偶然に発見されたものである。

例えば、有名な市平という品種は、太平洋戦争後も東北・関東地方など各地で優良早生桑として栽培されていたが、この品種は福島県伊達郡伏黒村(現・伊達市伏黒)の佐藤市兵衛が発見し元禄時代(一六八八〜一七〇四年)から各地に普及した。

惣助という桑品種は文政年間(一八一八〜一八三〇年)に山形県西置賜郡長井町(現・長井市)の鍋屋惣助が町の北方を流れる川で釣りをしている時に発見したもので、発見者の名前が付けられ普及した早生桑である。

十島という桑品種は、陸奥国会津郡十島村(現・福島県南会津郡只見町十島)の若林治兵衛が天保六(一八三五)年春、越後国のお寺に詣でて帰途、国境の峠で偶然にも発見した早生桑である。

小国早生という品種は、山形県西田川郡福栄村小国(現・鶴岡市小国)の五十嵐良右衛門が一八五四(安政元)年春、山中で発見し、小国に移植して近隣に普及したのが始まりという。

十文字という桑品種も名桑として戦前戦後を通じて各地に広く普及した。この品種は埼玉県児玉郡丹荘村(現・同郡神川町)の渋谷倉蔵によって文久年間(一八六一〜一八六四年)に芽桑の中から見つけ増殖したものである。

このように江戸時代には、ほとんどの桑品種が、個人によって偶然に発見され、発見者名や発見した土地名が付けられて普及し、良質繭の生産に寄与した。また、早生桑の発見は蚕種製造に非常に役立っていた。

福島県伊達郡梁川（現・伊達市梁川町）の中井閑民は、一八五八（安政五）年に出した蚕書『養蚕精義』の中に「桑名数の事」として、市兵衛（市平のこと）、柳田、丸葉早生、赤木、鶴田、高助、六之丞、山中高助、小幡、兵七早苗桑の一〇品種を掲げている。横浜開港時における東北地方の生糸生産量は他の地域を大きく凌駕し、大量の生糸を横浜に送り込んだ。このように大量の生糸生産ができたのも、中井閑民の著述からわかるように、東北地方は横浜開港間際には良桑が普及し、繭生産量を高めていたとも考えられる。限られた面積から繭生産量を高めるためには、桑品種は栽培技術と併せ重要な要素をなしていた。

(2) 明治時代以降の優良桑品種

明治時代に入り生糸輸出が盛んになると、全国各地で養蚕業が盛んに行われるようになった。このように養蚕業が盛んになると、桑品種・蚕品種の品種数は鰻上りに増加していった。良い繭を作り、良質の生糸をたくさん生産するためには、優良桑品種・優良蚕品種が必要不可欠であり、どの農家も切望していた。

桑は永年作目であるので、農家は数年で簡単に植えかえることなどは難しい。従って自分の土地に適した優良桑品種苗を買い求めた。このように農家の要望が高まると、各地に桑苗業者が誕生するようになった。

明治時代の新品種は桑苗業者や江戸時代と同様に個人の発見によって優良桑品種が広められていったが、育種の手法で優良桑品種を産みだされた例もあり、桑品種育成への新しい動きがみられるようになった。また、明治初めには清国（現・中国）から優良桑品種「魯桑」を輸入し国内に広めた。魯桑の輸入時期は明治七年説と八年説等があるが、ここでは紙幅の関係で諸説にはふれないことにする。

　魯桑は戦前戦後を通じて国内に広く普及し、一九二三（大正一二）年六月末の農林省の調査では、全国桑園面積の約一五パーセントを、一九二九（昭和四）年の調査では約一六パーセントを占め、第二位の品種の栽培面積を大きく引き離す普及率であった。また、魯桑系統の新桑品種を多く産みだした優良品種でもあった。接木の台木には魯桑実生苗が使われ、現在でも使用されている。

　清国の桑は優良種が多いことから、大正時代には清国に設置した日本領事館を通じて、青片、広清片、萬海片、魯毛片、紅々片、早胡桑、紅皮荊桑など、かなりの桑品種がわが国に輸入され栽培された。

　明治時代に輸入あるいは発見等された主要な桑品種を拾い上げてみると、魯桑（清国）、五郎治早生（山形）、八ツ房（愛知）、冨栄桑（群馬）、御所撰（東京）、清十郎（群馬）、扶桑丸（埼玉）、青目高橋（山梨）、山錦（高知）、改良早生十文字（東京）、甘楽桑（群馬）、栗本（千葉）、矢留（秋田）、安曇桑（長野）、甲撰（山梨）、一之瀬（山梨）、収穫一（静岡）、三徳白芽苗桑（熊本）、紫早生（山形）、伊那桑（長野）、津田魯桑（島根）、久平（静岡）、瀧の川（北海道）、改良鼠返（熊本）、利桑（茨城）、水内桑（長野）、北農第十号（北海道）、水沢桑（新潟）などがある。この中で輸入した魯桑を除けば、各道府県でたくさんの桑品種が発見あるいは育種されており、その数は非常に多く、ここにすべてを列記することはできない。

写真３　桑品種「改良鼠返」

（著者撮影）

　個人により偶然発見された桑品種の例を次に紹介しよう。

　改良鼠返《かいりょうねずみがえし》という品種（写真３）は、明治末期ごろから希望者に配布が始まり、大正末期ごろにはかなり普及しだし、一九二九（昭和四）年の全国の栽培面積では、魯桑・赤木に続いて全国第三位という上位にランクされた桑である。翌昭和五年には、四三府県で奨励品種に指定され、指定府県数第一位となり、第二位の市平が三六府県、第三位の大葉早生二四府県、第四位の魯桑が二〇県であったことをみても、年々、この品種の良さが認められ普及していったことがわかる。

この改良鼠返は、熊本県の津留齋という人が、熊本県菊池郡隈府町《わいふまち》（現・菊池市隈府）にある伯父の家の石垣に茂る葉質の優れた老木から採苗を行ったことが始まりであった。津留は伯父にこの良桑の採苗を勧めると共に自らも増殖を行い広めていった。現在でも、養蚕農家で栽培されている名桑で、「改鼠《かいねず》」という略称でよばれている。

一之瀬という品種も優良種で、特に戦後全国に広く普及した名桑中の名桑である。この一之瀬は、一八九五（明治二八）年ごろ、山梨県西八代郡上野村（現・同郡市川三郷町上野）の一之瀬益吉が同県中巨摩郡から購入した鼠返という桑品種の中に、群を抜いて優れた一株を見つけ繁殖したことに始まる。

春日という品種は、明治一〇年代後半ごろに、神奈川県愛甲郡中津村（現・同郡愛川町中津）の河野鉎太郎が、魯桑実生の中から発見し、全国に普及した品種である。同町中津には一九二〇（大正九）年、村の有志によって建立された「名桑春日誌」と刻字された大きな石碑があり、裏面には発見者と発見から普及に至る歴史が記されている。

収獲一《しゅうかくいち》という品種は、一八九六（明治二九）年に静岡県浜名郡新所村《しんじょむら》（湖西市新所）の鈴木清太郎が、群馬県から取り寄せた十文字《じゅうもんじ》という品種の中に、桑萎縮病に強い品種を発見し、収獲一と名付けて普及させた。

伊那桑という品種は長野県上伊那郡西箕輪村（現・伊那市西箕輪）の鈴木大蔵が、一八九四〜九五（明治二七、八）年ごろ、鼠返という品種の中から樹勢の優れた耐寒性の桑を偶然にも発見したことに始まる。

甘楽桑《かんらそう》という桑品種は、群馬県北甘楽郡小野村（現・富岡市）の松井重蔵が、一八八五〜八六（明治一八、九）年ごろ購入した魯桑の中から、一八九一（明治二四）年になって親木と違った優れた枝を発見し、一八八六（明治二九）年ごろから繁殖し普及させた。

八ツ房という桑品種は愛知県南設楽郡新城町（現・新城市）の鳥山安吉が、明治二〇年ごろ実生苗の中から優れた苗木を見つけだし普及させた。

このように、明治時代以降も偶然発見された優良桑品種が非常に多かった。

明治時代に入ると、育種手法によって育成された品種もある。

北農第十号という桑品種は、北海道空知郡三笠山村（現・三笠市）の北海道農事試験場付属桑園に収集した野桑の中から選抜したもので、試験番号を品種名にした。瀧の川という品種も、北海道農事試験場で選出し、道内に配布した。

栗本という桑品種は、千葉県匝瑳《そうさ》郡共和村（現・旭市）の栗本萬平が一八九二（明治二五）年に魯桑の種子を播種し、その中の優れたものを選出し接木し、さらにこの接木苗の中からさらに優れたものを選抜して育成し明治四〇年代から普及した品種である。

このように明治時代以降になると、育種手法による優良桑品種の育成が手がけ始められた。

しかし、優良桑品種の多くは、偶然発見されたものが多く、これらの中の改良鼠返や一之瀬などの品種は、現在でも主要な桑品種として各地で栽培されている。

3　本格的な蚕糸技術の確立

1　一代交雑種の実用化

江戸時代から数多くの蚕品種が育成され、幕末ごろには、その数は一〇〇〇種類を越えたといわれている。

横浜を開港し生糸輸出が始まると、蚕品種の数は急激に増加していった。しかし、横浜から輸出されていく生糸は、何年もしないうちに粗製乱造になり、外国から疎遠されるようになった。この理由の一つは、粗雑な繰糸方法が大きな原因であったが、これ以外にもう一つ大きな原因があった。それは、多種の粗雑な蚕品種の生糸であったことから、糸質の非常に悪いものが多かったことである。日本の蚕品種数は、明治から大正期の多い時には三〇〇〇種を越えていたといわれ、長野県のような大きな蚕糸県では、大正時代に三〇〇〇種にのぼる多品種が出回っていた。

繭糸質の良い同一蚕品種から大量に生産された生糸の場合には問題はないが、多品種の寄せ集め繭から繰糸した生糸は、絶えず問題をはらんでいた。

この糸質が悪いという中身は、一体どんなことであっただろうか。

外国から指摘されたことは、製糸技術の未熟さと粗雑な繰糸法による生糸繊度（太さ）の不斉さ、繭の解舒《かいじょ》（繭からの繭糸のほぐれ）が悪いこと、切断しやすく伸力や強力が弱いこと、毛羽立ちやすく節《ふし》が非常に多いこと、製品に織り上げた時に光沢がないことなどであった。また生糸が本来備えていなければならない重要な諸糸質に欠点が多かった。

特に日本産の生糸をたくさん輸入していた米国では、一八八〇年以降、産業革命による機械化が進み、動力織機で絹織物を生産するようになっていたので、伸力や張力に欠け、節の多い日本産生糸は、米国絹織物業界に対応できない状況になってきていた。このため米国絹織物業界は、日本の雑多な蚕品種を指摘し、蚕品種改良の要請や警告を発し対応を迫った。

このことは、放置できない重要課題であったので、洋式繰糸技術の導入とその普及に努め、蚕品種の改良に取組まなければならなかった。この当時、農商務省としては、危機感をもって生糸の雑駁問題の究明に対処しており、蚕品種の問題、品種改良、品種の統一などについて盛んに検討していた。

国内では明治初めから大正初めごろまで、どのような蚕品種が飼育されていたのだろうか。

横浜開港から明治一四、五年ごろまでは、繭糸質は劣っていたが、病気に罹りにくく、丈夫で飼育しやすい青白という蚕品種が大流行し、国内の生糸生産とあわせ、この蚕種が海外に大量に輸出されていった。

しかし、蚕種輸出が衰退すると、繭糸質の良い白繭種の赤引・鬼縮・青熟・小石丸・又昔といった品種が普及するようになった。これら品種の中でも、赤引（明治一〇年ごろ赤熟中巣とよばれるようになり一八九四（明治二七）年に赤熟に改名）は全盛をきわめた。

だが、赤熟は虫質が弱く（病気に罹りやすい）飼育しにくいことと繊度が太いという欠点から衰退し、飼育しやすい小石丸が、にわかに普及するようになった。この小石丸の全盛期は短く、一八九七（明治三〇）年ごろから衰退していった。これに代わって又昔という蚕品種が普及するようになり、大正初期まで全盛をきわめた。

このように明治から大正初めの優良蚕品種でさえも、虫質・糸質の面で、何らかの大きな欠点をもっていた。従って、外国の要望する繭糸質の良い品種を飼育しようとすると、国内の農家は、虫質が弱いので飼育を嫌った。国内の養蚕体制と諸国の要望とがかみ合わない面が内在していたといえよう。

しかし、根本的には蚕品種の問題で、虫質・繭糸質の優れた品種の育成こそが、問題を解決する重要な鍵であった。こうした虫質・繭糸質の欠点を払拭し、蚕糸業に大きく貢献したのが、雑種強勢の利点を活かした一代交雑種の導入であった。

(1)　外山亀太郎と一代交雑種

蚕糸業の現場へ一代交雑種の導入を最初に提唱したのは、遺伝学者外山《とやま》亀太郎であった。

外山は一九〇六（明治三九）年、「蚕業新報」第一五八号に「蚕種類の改良」と題した論文を発表し、この中で蚕の一代交雑種の虫質・繭糸質の優れていることを述べ、この飼育が非常に有利であることを提唱した。
また、一代交雑種は蚕種製造業者にとっても、非常に有利であることを発表した。その一文を次に紹介する。

製種家を煩《わずら》はさんとする事は、一代限りの種類を拵《こしら》ることである。之は最も蚕種家の方では面白い問題である。即ち一代の間或《ある》性質を休眠せしめて、善良の性質丈《だけ》を発現させることで、若し之を他の人が複製する時は直ちに分解し不良なる品種になる、之は蚕種製造家の事業保護上一《ひとつ》の良法であるかと思ふ

と記述し、一代交雑種は蚕種製造家には有利であり、二代交雑種になると、諸形質が分解し不良品種になるので他の人が真似ることができないことを発表した。
外山がこのように一代交雑種は有利であることを提唱したが、誰一人として注目する者はいなかった。
外山は三年後の一九〇九（明治四二）年に、著書『蚕種論』の中で、再度、一代交雑種の製造を盛んにするよう提唱した。この中の一文をみると、

一代限リノ種類製造ヲ盛ンニスベシ……雑種スルトキハ一代ハ非常に強壮トナリテ善良ナル成績ヲ示スヲ常トセリ……

また、『蚕種論』の中で諸国での交雑種製造状況についても紹介している。

雑種ナルモノハ一般ニ其虫性ヲ強壮ナラシムルモノナレバ実業上最モ有利ナル方法ノ一ツニシテ且ツ性質ノ分

解又ハ結合ニヨリテ種々ナル性質ヲ生ズルモノナレバ種類改良上欠クベカラザルモノナルコトハ明ナリ故ニ近年各国トモ雑種ヲ飼育スルコト次第ニ流行シ伊国ニテハ掃立蚕卵ノ殆ンド半数ハ雑種ニシテ澳国ニテハ産繭ノ八九割ハ雑種繭トナルニ至レリ以ッテ雑種ナルモノガ如何ニ賞美セラルルカヲ知ルニ足ルベシ……

外山は本人の遺伝学的実験根拠に基づいた雑種強勢の画期的な提唱を繰り返し行うとともに、諸国の雑種製造の取組み状況も報告したが、『蚕種論』を出版した時点でも、農商務省をはじめ研究者たちの中に耳をかす者はいなかった。

写真4　国立原蚕種製造所

注：現在は東京都杉並区立蚕糸の森公園。（著者所蔵）

この当時の有効な蚕種改良法は、人為的淘汰法に重きが置かれており、掛け合わせの手法は悪い結果をもたらすと考えていたようである。従って、外山の提唱は見向きもされなかった。

しかし、『蚕種論』出版の翌年、人為淘汰法による蚕品種育成に力を入れ、掛合わせによる品種改良を避けていた石渡繁胤（京都蚕業講習所所長）が、蚕の遺伝試験結果を発表し、外山の成績と一致することを認めた。国の研究者が初めて外山理論の掛合わせ品種改良を認めたのであった。さらに一九一一（明治四四）年、国立原蚕種製造所官制が公布され、東京府豊多摩郡杉並村高円寺（現・東京都杉並区高円寺）に国の原蚕種製造所が新設（写真4）された。ここでも一代交雑種の優秀さが確認され、外山の指導をえて一代交雑種の製造配布を行うようになり、国内にたちまち普及していった。

ここで外山亀太郎の履歴についてふれておこう。

写真５　外山亀太郎胸像

（2008年、著者撮影）

外山は、一八六七（慶応三）年、相模国愛甲郡上古沢村（現・神奈川県厚木市上古沢）に生まれた。一八九二（明治二五）年に東京帝国大学農科大学を卒業し、一八九六（明治二九）年から一八九九年までの三年間、福島県蚕業学校（現・福島県立福島明成高等学校、福島市永井川字北原田）校長として勤務した。福島明成高等学校には、学校創立一〇〇周年記念事業により、現在、正門右側奥に、外山校長の胸像（写真５）が建立され顕彰されている。

外山は一九〇二（明治三五）年から一九〇五年までは、暹羅国《シャム》（現在のタイ）へ養蚕技師長として養蚕指導に赴いた。暹羅滞在中に蚕の遺伝の研究を精力的に進め、帰国後学位論文「暹羅蚕児ノ寄生蝿研究」「昆虫交雑研究」「蚕児ノ胚子ノ発育ノ研究」「蚕蛾ノ多妻的性質ノ研究」を母校東京帝国大学に提出し、一九〇六（明治三九）年農学博士号を授与された。学位論文は暹羅国滞在中の研究が非常に役立ったといわれている。一九〇八（明治四一）年には東京帝国大学農科大学助教授に就任した。さらに一九一一（明治四四）年には農商務省原蚕種製造所の技師を兼務し、一代交雑種の指導にあたった。

一九一七（大正六）年東京帝国大学教授に就任したが、翌年三月、五二歳の若さで世を去った。

外山は明治・大正時代の著名な遺伝学者・蚕種改良家として活躍し、その研究発表論文数は非常に多く、原著的な論文だけでも四九編が知られており、ここに列記しきれない。また著書も『蚕種論』をはじめ『実験蚕の遺伝』『体質改善遺伝の実験』『品種改良蚕の遺伝講話』『実験蚕体解剖』（共著）など多数刊行されている。

特に、外山の遺伝学的功績といえば、動物（蚕）によるメンデルの法則を初めて確認したことであり、特殊のメンデル遺伝としての母性遺伝の研究、白繭に優性と劣性のあることを発見したことなどがあげられる。実用面では一代交雑種による雑種強勢の利用は、蚕糸業に大きな足跡を残した。

外山は遺伝学の面ばかりでなく、細胞学・発生学・病理学・育種学・生態学など広い分野にも業績を残した学者であった。一九一五（大正四）年には学士院賞を、没後の一九二六（大正一五）年には帝国発明協会から有功賞を受賞している。

(2)　一代交雑種の普及

国立原蚕種製造所は、国内に普及していた多くの蚕品種を収集し、一九一二（明治四五）年から飼育を開始し、この中から一代交雑種用蚕品種の親（原原種）となる国蚕系蚕品種の選抜と育成を始めた。翌年からは一代交雑種の飼育も並行して実施し、成績の優れた組合せ蚕品種の選定を行った。一九一四（大正三）年一二月に蚕種配布規定が発布されたので、翌年早々から府県蚕種製造所に原原蚕種の配布を始めた。国は春蚕用蚕品種を大正三年度から、夏秋蚕用蚕品種は大正五年度から各府県に配布を行ったので、府県原蚕種製造所は、一九一五（大正四）年春からこの品種の増殖を行って、原種を製造し蚕種製造家へ配布した。蚕種製造家は一九一六（大正五）年春から飼育し、一代交雑種の製造を行い、養蚕農家は翌一九一七（大正六）年春蚕から一代交雑種の飼育を始めた。

国立原蚕種製造所をでた原原種は、養蚕農家で一代交雑種の飼育がされるまでに、三年の歳月が必要であったが、たちまちのうちに評判が評判をよび普及していった。

国立原蚕種製造所が、これまで国内で普及していた蚕品種の中から国蚕系蚕品種の育成に導入した例を紹介しておこう。

日本種では赤熟、又昔、青白、青熟、種子島、大草など、中国種では諸桂、大円頭、浙江、新昌長、桂円など、欧州種ではパール、セクザート、バクダット、ドロームなど多くの品種を国蚕系蚕品種育成に利用した。

例えば、日本種一化性の赤熟は国蚕日一号の原系に、又昔は国蚕日三号、日四号、日六号の原系に、青白は国蚕日五号の原系に、日本種二化性の青熟は国蚕日一〇三号、日一〇四号、日一〇五号の原系に、大草は国蚕日一〇六号の原系に使用した。同様に中国種一化性の桂円は国蚕支二号の原系に、大円頭は国蚕支三号の原系に、諸桂は国蚕支四号の原系に、新昌長は国蚕支八号の原系にそれぞれ利用した。欧州種のドロームは国蚕欧五号の原系に、セクザートは国蚕欧六号の原系に、バクダットは国蚕欧一四号の原系に利用した。

このように国立原蚕種製造所は、かなりの交雑用国蚕系蚕品種を育成し各府県に配布したので、各府県はこの原原種から原種を複製し、蚕種製造家に配布した。

また、各府県の原蚕種製造所も、独自に交雑用優良蚕品種の育成選抜を行って、地方原蚕種製造所蚕品種として国蚕系蚕品種と共に蚕種製造家に配布をした。

蚕種製造家は、これら原種を増殖し、発蛾した時点で異品種と交配して一代交雑蚕種を製造した。

養蚕農家は、この一代交雑蚕種を蚕種製造家から入手し、飼育をして繭を製糸工場へだした。

例えば国蚕日一号と国蚕支四号とを交雑して「国蚕日一号×国蚕支四号」という一代交雑蚕種を製造する場合の製造方法を説明しよう。この交雑蚕品種は当初から昭和初めまで春蚕用蚕品種として非常に高い普及率を示した優良蚕品種であった。

国蚕日一号と国蚕支四号は、蚕種製造家までは別々に飼育し、それぞれの品種は幼虫または蛹の時代に雌雄を鑑別し、混合しないように分離し飼育を行い保護しておく。蛾がでた段階で、国蚕日一号の雌蛾と国蚕支四号雄蛾を掛け合わせる（写真6参照）。この逆の国蚕日一号の雄蛾と国蚕支四号雌蛾を掛け合わせ、この両者を「国蚕日一号×国蚕支四号」の交雑蚕品種として農家へ配布した。詳しくは日母体の場合は「国蚕日一号×国蚕支四号」、支母体の場合は「国蚕支四号×国蚕日一号」と記した。

一代交雑蚕品種は今までの蚕品種と異なり虫質・繭糸質とも非常に優れていたので、養蚕農家は従来の蚕品種を飼育することは不利であることを知った。製糸家にとっても繭糸質の優れた原料繭を待ち望んでいたので、たちまちのうちに一代交雑蚕品種は、全国の飼育量の九割を占めるまでに普及していった。

養蚕農家が一代交雑種の飼育を始める前年の一九一六（大正五）年の全国の蚕品種数は同年の蚕業取締事務成績によると三三一七種と報告されているので、かなりの品種が飼育されていた。翌年には一七三二種に半減し、一九一八（大正七）年には一三六〇種にまで減少した。

ところが、急激に一代交雑蚕品種が普及すると、蚕品種の激増と、これに伴う弊害を引き起こしてしまった。一代交雑種製造の未熟さから、数品種の原種が、複合交雑によってたちまち数十蚕品種に膨れ上がってしまうというとんでもない事態が生じ、府県によっては蚕品種数が急激に増加していった。この例として、一九一九（大正八）年度の長野県の蚕品種数は、三〇〇〇種類にものぼったという。折角の一代交雑種の普及も、煩雑な多品種の出現で生糸の品質を悪くすることになってしまった。

こうした弊害を防止するため、蚕品種数を限定する努力が行われだし、年々蚕品種数は減少していったが、一九三四（昭和九）年に原蚕種管理法が公布され、全国的に蚕品種が統一された。

同法の条文をみると、

第一条　政府ハ蚕種ノ統制ヲ図ル為原蚕種ノ製造ヲ管理ス

第二条　本法ニ於テ原種トハ原蚕種ニシテ普通蚕種ノ製造ニ用フルモノ

写真６　掛け合わせ

（著者撮影）

ヲ謂ヒ原原種トハ原種ニシテ原種ノ製造ニ用フルモノヲ謂フ

第三条　原原種ノ製造ハ政府之ヲ行フ……

第五条　府県ハ命令ノ定ムル所ニ依リ政府ヨリ配布セラレタル原原種ヨリ産出シタル繭ヲ用ヒテ原種ヲ製造シ蚕種製造者ニ之を配付スへシ……

第八条　蚕種製造者ハ原蚕種ヲ製造スルコトヲ得ス

と規定し、政府が蚕種製造の管理を行うことになり、蚕種製造者が今までのように自由勝手に原蚕種を製造し販売することを禁止した。

横浜開港から約七五年の歳月をかけて、ようやく全国的に優良生糸を生産し輸出できる蚕品種に限定することができたのである。

太平洋戦争後は蚕糸業法の改正によって蚕品種が管理され続け、世界に誇る蚕品種を育成し普及させてきた。この交雑蚕品種の育成と併せ高級生糸を繰糸する製糸器械が開発され、優良生糸を輸出するようになった。製糸器械の開発については後で説明する。

(3)　民間による一代交雑種の普及

一代交雑種の普及は、国立原蚕種製造所のみの努力で推進されたわけではなかった。民間の人々により積極的に普及推進されたことを忘れてはいけない。

この中心人物が信州諏訪郡三澤村（後の川岸村、現・長野県岡谷市）生まれの今井五介であった。今井は旧姓を片倉といい、一八歳の時に今井家に迎えられ、その後松本製糸場の経営を任され、創業当時の小工場を日本一の大工場に育て上げる一方、蚕糸業界に大きな貢献をした人物である。

今井は外山亀太郎の唱える虫質・繭糸質共に親より優る蚕の一代交雑蚕品種の理論に強い関心を持っており、周囲の反対を押し切ってこの普及に取組むことにした。まだ国立原蚕種製造所が春蚕用一代交雑蚕品種の原原種を各府県に配布した初期の一九一四（大正三）年に、今井は長野県松本市に「大日本一代交配蚕種普及団」（以下、「普及団」という）を組織し、団長になって普及活動を開始した。

普及団は、この年の夏秋期に蚕種一〇〇〇余枚（蚕種紙一枚の蚕種量は約五万七〇〇〇粒）の一代交雑蚕種を製造し、長野県下東筑摩郡、南安曇郡の養蚕家や蚕種製造家に無償配布をし、農家の産繭買取りを保証することを条件に積極的な普及を始めた。この各地の飼育には、普及団から指導者を派遣するという熱の入れようであった。農家での飼育結果は、在来の蚕品種には見られない好成績であった。

自信をえた今井は、翌一九一五（大正四）年に団員である二木洵・鳥羽久吾・中原半一郎・篠崎四郎・片倉交進社などを督励して、不越年種四万余枚、翌大正五年用越年種二万三〇〇〇枚弱の一代交雑蚕種を製造し、全国に販売をした。販売先は北海道から鹿児島県まで一道一府三八県に及んだ。これら各道府県での飼育成績は前年同様に非常によかった。

写真7　今井五介

（出典：今井五介翁伝記刊行委員会『今井五介翁伝』西ヶ原同窓会、1949年）

この普及団による取組みと成果をみていた各府県の蚕種製造家たちの間では、一代交雑種製造の機運が一気に高まりだした。政府が打ちだした一代交雑種普及施策は、今井五介らの国よりも早い事前取組みの成果によって、全国的に普及地盤が固められたので、大正六、七年から急速な普及をみるようになった。今井らによる普及団が一代交雑種の普及に尽くした先進的な

写真８　「蚕業革新発祥記念」碑

（設置場所・松本市県１丁目 1985　蚕糸記念公園内。2012 年９月撮影、宮沢津多登氏提供）

取組みの努力と成果に対して、蚕糸業界の有志によって一代雑種発祥記念会が組織され、一九二八（昭和三）年の御即位大典を期に、松本市県《あがた》に「蚕業革新発祥記念」碑（写真8）が建立され、一代交雑種発祥の地として、その功績を後世に語り伝えている。

２　微粒子病防除

シルク貿易を支えた一つに微粒子病防除があげられる。

蚕糸業に力を入れていたわが国は、一八〇一（明治一四）年に、各省にまたがった農政関係の業務を一本化するため農商務省を設け、農務局による蚕糸行政を行いだした。この農務局が取組んだ大きな課題の一つが蚕病防除であった。古くから軟化病・硬化病・膿病などの蚕病が発生していたが、その病理や防除法などは、まったく手が付けられないまま蚕を飼育していた。従って神頼みで豊蚕を祈願する神事が各地で盛んに行われた。

農商務省農務局としては、国の主要産業である蚕糸業を盛んにし、生糸貿易を推進するため、蚕病防除をはからなければならなかった。

幕末の開港によって、生糸貿易が盛んになると、国内では蚕の微粒子病が発生しだしていた。ヨーロッパでは、微粒子病によって蚕糸業が衰退してしまった先例があるだけに、放置できない大きな問題であった。

蚕の微粒子病は、微粒子病原虫によって引き起こされる病気である。この原虫の胞子（図3）が罹病した蚕から排泄され経口伝染をする。つまり、排泄された胞子が飼育蚕座上の桑葉に付着し、この葉を多くの蚕が食下することによって、たちまち伝染が広まってしまう。伝染力が強いので、蚕は幼虫の時代にほとんどが死滅し大きな被害を受けてしまう。また、病原を持った蚕蛾は、体内の卵に病原を伝染させてしまうため、次代蚕に大きな被害を与え、幼虫の時代に多くが死滅してしまう。

この病気の検査技術は、佐々木長淳《ながあつ》が一八七三（明治六）年、ウィーン万国博覧会に政府派遣技術者として派遣された際に、フランスでパスツールの微粒子病防除手法を習得して帰国した。

佐々木は一八八四（明治一七）年に農商務省蚕病試験場が発足すると、ここに勤務し早速微粒子病検査を始めた。本病の検査を行ってみると、国内にかなり発生していることが判り、放置しておくことのできない問題となった。

農商務省蚕病試験場は東京麹町内山下町（現・東京都千代田区内幸町一―一）に設置され、微粒子病防除に取組みだした。ところが内山下町の試験場では手狭のため、二年後の一八八六（明治一九）年、同試験場を東京北豊島区滝野川村西ヶ原（現・北区西ヶ原）に移し、農務局蚕業試験場に改称し微粒子病検査業務を続行した。

同局蚕業試験場では、翌一八八七（明治二〇）年からは微粒子病検査員を養成するために、伝習生の募集を始めた。

図３　微粒子病胞子

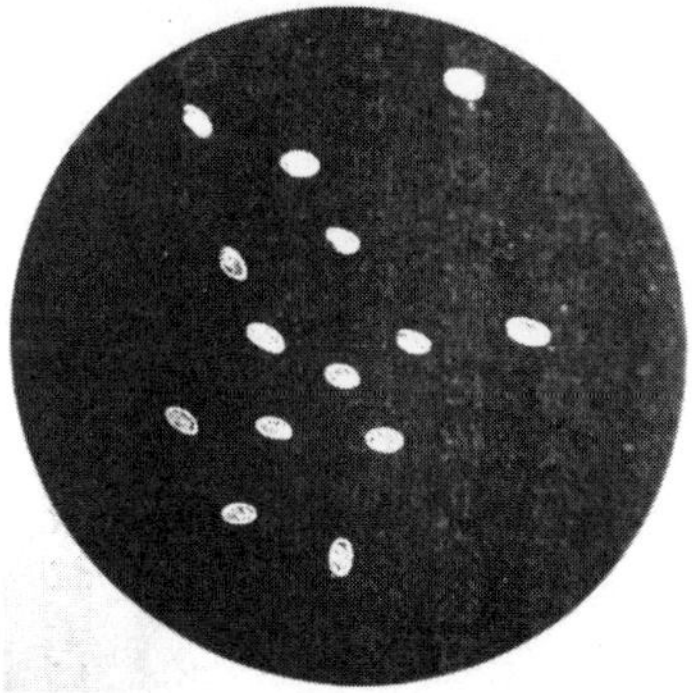

（出典：三谷賢三郎『最近蚕病学　中巻』明文堂、1929 年）

政府は行政措置として、一八八五（明治一八）年、府県で発生している微粒子病を防除するため、蚕糸業組合準則をだして本病の取締りを始めたが、翌年にはこの準則を廃止して、蚕種検査規則を発布して、防除の一層の徹底をはかることにした。蚕種製造者には鑑札を付与し、微粒子病検査に合格した蚕種でなければ、販売譲渡することを禁止した。

蚕種の微粒子病検査は顕微鏡（写真9）で行い、原種は百分の五以上、製糸用（普通蚕品種）は百分の一五以上の病毒（微粒子病胞子）が鏡検されたものは不合格とし、販売譲渡を禁止した。

写真9　微粒子検査（昭和12年撮影）

（シルク博物館蔵）

さらに、一八九七（明治三〇）年には幼虫や繭の検査も行う蚕種検査法が発布され、全国画一の検査が行われるようになった。この法律では同功繭（二頭以上の蚕が作った繭）、薄皮繭、不正繭などを除いた正常に見える種繭を厳重に検査し、合格したものでなければ蚕種製造に使うことを禁止した。また、蚕種は原種と製糸用蚕種（普通蚕種）に区分けさせ、卵や掃き殻（幼虫がでてしまった卵）、出殻繭（蛾がでた繭）の検査を義務付けた。ところが、この法律にも抜け道があり、不越年蚕種はまったく法規制外であった。そのため、一九〇〇（明治三三）年三月から、本法を不越年蚕種にも適応し厳重に検査を行うようにした。明治三〇年代になると、蚕病の研究が進み、微粒子病以外の病気も防除する必要が生じた。

政府は一九〇五（明治三八）年二月、蚕病予防法を制定し、各種蚕病の防除をすることにした。

この法律の第一条には、対象とする蚕病を次のように定めた。

本法ニ於テ蚕病ト称スルハ微粒子病、軟化病、硬化病、膿病及蠁蛆《きょうそ》病ヲ謂フ

この予防法制定によって他の蚕病にも目が向けられるようになったが、この法律が制定されたころは、第1表に示したように、微粒子病がかなり発生しており、防除に努めなければならない時代であった。第1表は平均値の検出割合であるので、かなり高い有毒卵（微粒子病原を持った蚕種）が各地に発生しており、水際で大発生を防いでいたことが読みとれる。

このように、微粒子病検査は蚕病防除という重要な役目を果たし、蚕糸業を支えてきた。蚕の微粒子病は、現在の蚕病病理学の進歩した時代であっても検出されているので、今後も地道に行わなければならない検査である。

3　蚕種の人工孵化法

蚕種の風穴利用と窮理法《きゅうり》（二化性蚕種を低温に保護して孵化《ふか》させる方法で、夏秋蚕飼育に利用された蚕種保護法）の研究によって、夏秋蚕飼育が盛んに行えるようになり、年間の産繭量、生糸量を増加させることができるようになった。さらに、この孵化技術を向上発展させたのが、蚕種の人工孵化法であった。

この人工孵化技術は大正時代に確立された。この技術によってこれまでの飼育回数をさらに増やし、繭や生糸の増産が行えるようになった。現在では、蚕種の冷蔵技術と人工孵化法を組み合わせれば、年間いつでも目的の日に蚕種を孵化させることができるようになった。

第１表　製造蚕種の平均微粒子病検出割合（全国）

（単位・％）

年　次	春蚕用蚕　種	夏秋蚕用蚕　種
1905（明治38）年	16.5	15.3
1906（明治39）年	11.2	14.3
1907（明治40）年	9.5	15.2
1908（明治41）年	9.6	13.0
1909（明治42）年	10.8	10.9
1910（明治43）年	9.3	9.9

（出典：石田孫太郎『明治蚕業大事紀』大日本蚕業学会、1912年）

蚕種の人工孵化法は、明治時代から実用化をめざして、内外の多くの研究者によって盛んに取組まれてきた。

その方法をみると、人工越冬法、温湯に浸漬して刺激を与える浸湯法、摩擦による刺激で孵化を試みる摩擦法、酸素に接触させ刺激を与える酸素法、電気刺激で孵化を試みる感電法、塩化水素ガスに接触させる塩化水素接触法、硫酸や塩酸、酢酸などに浸漬する浸酸法などが行われた。

この研究の中で、注目されたのは、一八七七～七八年、ボルレイとヴェルソン、クワイヤーが硫酸、塩酸、酢酸に浸漬する実験であった。この実

写真10　旧愛知県原蚕種製造所豊川支所

注：後の愛知県蚕業試験場豊川支場。愛知県豊川市豊川町辺通りにあった。（1962年著者撮影）

験で塩酸に蚕種を浸漬すると良く孵化することを発見した。しかし、実用化するまでには至らなかった。外国では、ボルレイ等の塩酸浸漬実験ばかりでなく、他の手法による多くの実験が早くから試みられていたが、いずれも実用化されることはなかった。

わが国での蚕種の人工孵化法の研究は、外国の研究よりも遅れ一八八七（明治二〇）年ごろからであった。

この研究の中で、実用化をめざした実験をみると、川島勝次郎（農商務省京都蚕業講習所）が一八九九（明治三二）年、塩素ガスに接触させ孵化させる実験を行い、幼虫を孵化させることができたが実用化するには至らなかった。川島の実験に遅れること三年をへた一九〇二（明治三五）年に、横田長太郎・松尾重信が、塩酸を用いた実験を実施し孵化させることができたが、これも実用化することはできなかった。

横田等の実験から九年後の一九一一（明治四四）年になると、荒木武雄・三田伊三郎・三浦英太郎（農商務省京都蚕業講習所）によって再び塩酸を用いた実験が行われだした。この塩酸による人工孵化法の研究は大正時代へ入っても続けられた。

荒木武雄・三浦英太郎に高瀬慶太郎・坂本宇一（愛知県原蚕種製造所）が加わり塩酸浸漬法の実験を続けたところ、浸酸した蚕種のほぼすべてが孵化する方法を見つけた。この成果を聞きつけた蚕種製造家の中には、早速塩酸浸漬法を行うものが現れたといわれているが、実用化するにはさらなる検討が必要であった。

荒木らの塩酸浸漬法をさらに追及し実用化させたのが、愛知県原蚕種製造所豊川支所（写真10）の小池弘三であった。

小池は一九一四（大正三）年、希塩酸の液を温めた中に蚕種を浸漬する加熱希塩酸孵化法（現在は即時浸酸法、加温浸酸法とよんでいる）を見出し、実用化に成功した。これは画期的な蚕種の孵化技術であったので、この浸酸法は第２表に示したように、たちまち全国各地に広がり、蚕種製造技術の向上に貢献した。

第２表　人工孵化蚕種製造者と製造蛾数の推移

年　次	人工孵化蚕種製造者数	全製造者に対する左の割合（%）	人工孵化蚕種製造枚数（枚）	夏秋蚕種製造枚数に対する左の割合（%）
大正10年	1,351	14.3	26,355,304	6.0
大正12年	4,252	50.1	153,676,269	21.5
大正14年	5,994	78.1	325,970,340	68.7
昭和 2年	6,349	87.5	434,785,298	81.1
昭和 4年	6,357	90.4	456,113,896	86.9
昭和 6年	5,939	94.7	412,168,078	93.0
昭和 8年	5,075	95.0	476,490,869	96.6

注：１枚とは蚕の卵を産みつけた蚕卵紙１枚のこと。（出典：日本蚕糸業史編纂委員会編『日本蚕糸業史第３巻　蚕種史』大日本蚕糸会、1936年）

それでは、この加熱希塩酸孵化法とは、どのような方法であったであろうか。

母蛾から産み落された蚕種を、二五度で二〇時間保護し、一五度時の塩酸比重一・〇七五（塩酸濃度約一五パーセント）の塩酸液を四六度に温め、この中に四〜七分浸漬し、その後よく水洗いをして乾かす。これが加熱希塩酸孵化法であるが、実用化するまでには相当な苦労があった。産卵後の蚕種の保護方法、塩酸濃度、液温、浸漬時間、浸漬後の取扱いなど、細部にわたる実験の組合せが必要であった。また、浸酸処置後の蚕種の催青（温度・湿度・光線を調整した環境で蚕種を孵化させること）方法も検討しなければならなかった。

この一連の実験の結果、浸酸後直ちに催青を行うと、越年をしないで約一一日後に必ず再度孵化をしてくることが判明した。

加熱希塩酸孵化法が確立された当時には、写真11のような蚕卵紙に産み付けられた蚕種が多かったので、この蚕卵紙ごと浸酸処理を行うことが多かった。

写真11　蚕卵紙

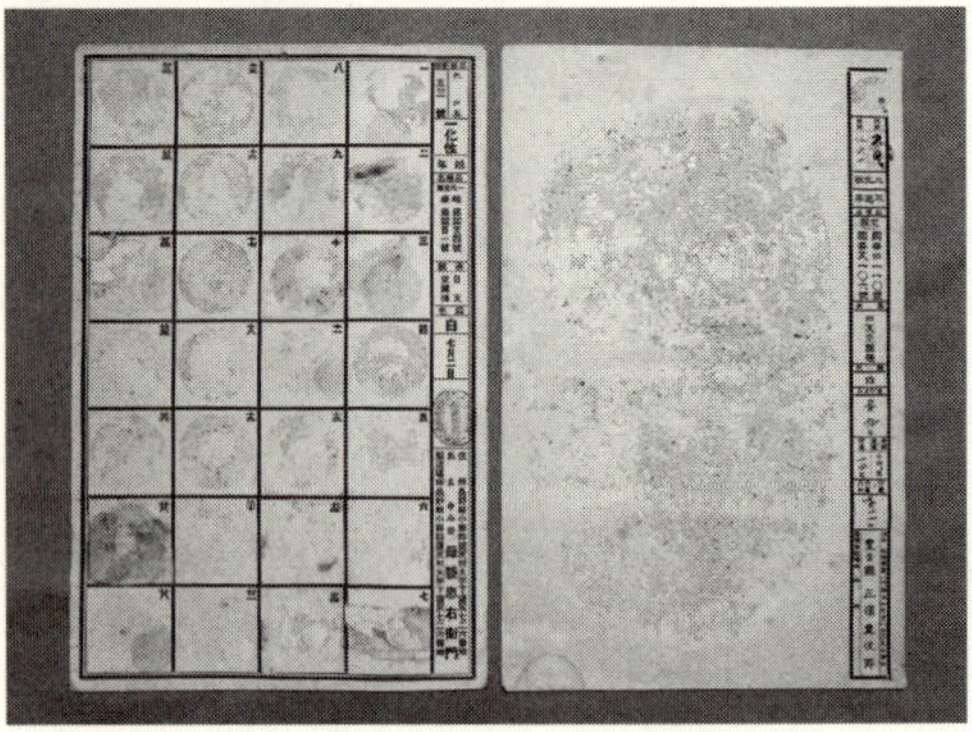

注：左は枠製、右は平付け。（著者撮影）

ところが蚕卵紙ごと浸酸すると、紙から蚕種が剥離《はくり》して希塩酸溶液の中に落ちてしまうという問題が発生してしまった。折角究明された浸酸技術に問題が生じてしまったのである。この蚕種剥離離脱問題に立ち向かったのが、荒木武雄・三浦英太郎であった。

彼らは早速この離脱防止法の研究に取りかかり、一九一七（大正六）年にホルマリン加用技術を確立し、蚕種の離脱防止法を普及させることができた。

このような研究をへて、小池の加熱希塩酸孵化法は確立されたが、この浸酸方法だけでは飼育期間が限定されてしまう欠点があった。

小池の方法では春蚕期に採種した蚕種（春採り蚕種）の場合、産卵後一日もしないうちに浸酸するので、夏蚕や初秋蚕の飼育（六〜七月掃立。掃立とは孵化した幼虫に初めて桑の葉を与え飼育を始めること）には適していたが、晩秋蚕やこれ以降の晩晩秋蚕期などの飼育（八月以降の掃立）はできない欠点があった。そのため浸酸用蚕種の採種時期を遅らせる方法をとるか、まったく別の浸酸法を検討する必要があった。

そこで、晩秋蚕期以降の飼育に適した人工孵化法の研究が進められた。その結果、先に述べた荒木武雄・三浦英太郎によって蚕種の冷蔵浸酸法が究明され、昭和初めには普及されだした。

この冷蔵浸酸法は、即時浸酸法よりも産卵後の蚕種の常温（二五度）保護時間を長くし、その後四〇日以上冷蔵し、浸酸を行って孵化させたので、晩秋蚕以降の飼育ができるようになった。

つまり、蚕種を冷蔵浸酸する場合には、産卵後二五度で四二〜五〇時間保護した後に、五度で四〇〜六〇日冷蔵をしておき浸酸を行う。六〇日以上冷蔵する場合には、産卵後五〇~六〇時間経過してから冷蔵を行う。浸酸用の塩酸液は一五度で比重一・一〇〇（塩酸濃度約二〇パーセント）を四八度に温め、これに蚕種を五~七分浸漬、その後水洗して乾かし催青を行い孵化させた。

このような蚕種の人工孵化法が普及すると、風穴や窮理法による蚕種保護に代わって、蚕卵の孵化制御が人手によって自由にできる人工孵化法になり、年間の飼育回数をさらに増やし、繭・生糸の生産量を高める時代を迎えた。

4　製糸器械の改良と多条繰糸機の開発

(1)　製糸器械の改良・開発

先述のとおり、開港後間もなく粗製乱造の生糸を輸出したため、海外の不評をかい、生糸の改善を求められたことを機に、明治初めに先進地のイタリアやフランスの洋式繰糸機を導入するようになった。

一八七〇（明治三）年、前橋藩によって初めてイタリア式繰糸機が導入された。この繰糸機のケンネル式糸撚り掛け法（図3）は、後に国内の製糸工場で盛んに行われるようになった。続いて同年、小野組によって東京築地にイタリア式繰糸機が導入され、翌年四月から操業し、民営第一号の洋式製糸工場として誕生した。

図3　撚り掛け法

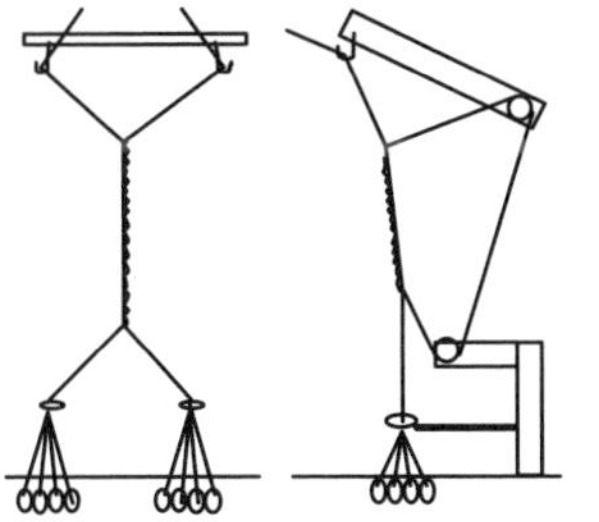

注：左は共撚式、右はケンネル式。（著者作図）

一八七二（明治五）年一〇月にはフランス式繰糸機（共撚式・図3）を導入した官営富岡製糸場が操業、翌年二月には勧工寮赤坂葵町製糸場が開業し、洋式器械製糸の幕開けとなった。

これらの器械は全国各地に伝達されていった。各地に伝播する際に、金属製の器械は価額が非常に高額であったため、煮繭鍋や繰糸鍋など要部の部品のみが金属で、ほとんどは木製部品に置き換えた器械が導入され、和式繰糸械への改良が始まった。その後、煮繭鍋や繰糸鍋なども和製の陶器に置き換えられていった。

洋式器械の導入が始まったばかりの当時とはいえ、だんだんと繰糸機の改良・開発を行う動きが見られるようになっていった。

それでは、洋式繰糸機が各地に伝達されていったころの改良の動きを見てみよう。

一八七一（明治四）年に、東京深川中川町の豪商川村富之が郷里の栃木県河内郡石井村（現・宇都宮市石井町）に洋式製糸試験場を創設し、洋式を模造した器械を製作し始めた。同年、甲州甲府の名取彦兵衛は、イタリアとフランス製器械を折衷した繰糸機を製作したが、この器械は未熟な工女たちには使いこなせず、翌年にようやく改良した名取繰糸機を開発した。この繰糸機は外国人からもそれなりの評価がえられたという。

一八七三（明治六）年に開業した福島県の二本松製糸所（現・二本松市）は、速水堅曹《けんそう》（第三代及び第五代官営富岡製糸場所長）の指導によって洋製の部品をまったく使わない、すべて和製部品による繰糸機を設置したといわれている。

伊勢室山（現・三重県四日市市室山）の伊藤小左衛門の場合（2章、写真15・16参照）には、一八六二（文久二）年に始めた手繰りの製糸は不利のため、一八七四（明治七）年に官営富岡製糸場に模した繰糸機を製作し、信州諏訪から工手を招いて繰糸をしたが、糸質が悪く赤字となった。そこでさらに繰糸機の改良を続けたが、依然として糸質が悪く赤字経営は解消されなかった。苦心の末、ようやく明治一〇年に至って念願の優良生糸を製造することができる繰糸機を完成させた。この生糸を横浜の和蘭商人に出荷したところ、富岡製糸場の生糸と同様に賞賛され、後年、この伊勢室山製糸（伊藤製糸場）の蜂巣商標（写真12）の生糸は、最高価の優良糸として長く評価され続けた。

次に製糸業が盛んになった信州を見てみよう。

信州に初めて洋式繰糸機が入ったのは、一八七二（明治五）年のことである。上諏訪の深山田製糸場に、小野組築地製糸場のイタリア式繰糸機に模した三人一組の煮繭分業による器械が入った。動力は角間川の水力を利用した水車で、湯はたき火で沸かし繰糸を行った。円形の煮繭鍋、半月形繰糸鍋は銅製であり、まったく築地製糸場と同じであったといわれている。翌明治六年には雁田製糸場（現・長野県上高井郡小布施町）、中野製糸場（現・長野県中野市）が洋式繰糸機を導入、一八七四（明治七）年には六工社（現・長野市松代町）にフランス式繰糸機が入った。六工社は官営富岡製糸場で技術習得をして開業したが、和田（旧姓横田）英の『富岡日記』にも六工社の繰糸機について「……富岡と違い舛事は天と地程で有舛。銅・鉄・真ちゅうは木と成、がらすは針がねと変り、煉瓦は土間……」と記されているように、官営富岡製糸場とは大きく異なり、金属製品は木製品に置き換えられた工場であった。

一八七五（明治八）年になると、信州諏訪郡平野村（現・岡谷市）の小規模な製糸経営をしていた武居代次郎ら九名が、資金を出し合って一〇〇人繰りの製糸工場「中山社」を立ち上げた。中山社は長野県内にあるフランス式の六工社とイタリア式の深山田製糸場を視察して、両者の長所短所を詳細に検討し、効率的な繰糸機の製作をめざして取り組んだ。動力は水車を使用し、蒸気汽缶は改良した鍔釜《つばかま》（釜の胴部分にひさしのような輪の付いた煮炊き用の釜）の上部に蓋をしパイプを配管して、煮繭鍋や繰糸釜に蒸気を送った。器械の製作コストをできるだけ安価におさえるため木材の使用に心がけた。繰り糸の撚り掛け方法はケンネル方式を採用し、綛《かせ》仕上げは、イタリア式のような直繰糸は行わず、小枠《こわく》に巻き取った生糸を大枠《おおわく》に巻き返す再繰方式を採用する

写真12　伊勢室山器械製糸優等糸蜂巣商標（伊藤製糸場）

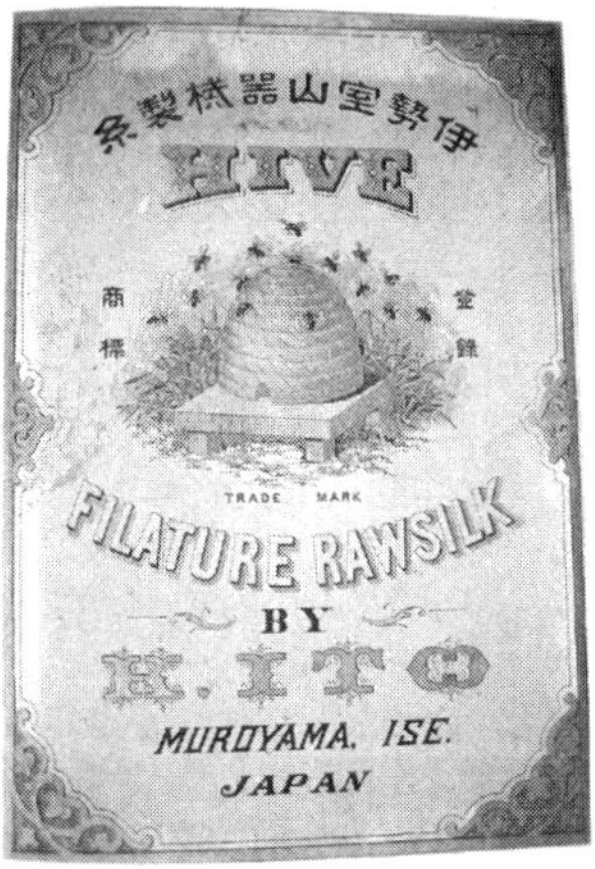

（平田卓雄氏蔵）

など独自の工夫をして、繰糸機を作り上げた。これが後に全国各地に普及していった諏訪式製糸機の始まりであった。

これらの事例にもみられるように、全国各地に普及し始めた洋式繰糸機は、金属製から和製の部品、機械に改良されていった。

このように和製部品、和製器械にした一番大きな理由は、中山社の場合にも見られたように、器械の価額の問題であった。金属製では、高額すぎて当時の製糸家の資本力では、経営上到底受け入れられるものではなかったとみてよいであろう。

器械製糸が各地に普及していったので、生糸の品質は向上していったが、国内には第3表に示したように明治・大正時代には、座繰生糸がかなり多く生産されていた。座繰生糸の良否の鍵は、やはり女工の腕と原料繭の良し悪しによるところが大きかったことを見逃すことはできないが、輸出生糸の主体は器械生糸となり、座繰生糸の輸出は第4表に示したように、次第に減少し、一九一八（大正七）年からは影をひそめてしまった。座繰生糸は国内用絹製品に使用され、輸出の舞台から消えていった。

繰糸器械の改良と普及が進む中で、生糸輸出は第5表に示したように明治一〇年代後半からは米国向けが多くなり、大正中期以降には九〇パーセントを越えるようになった。生糸輸出は米国一辺倒に傾いていった。生糸輸出が

第３表　座繰生糸と器械生糸の生産量

（単位・千貫）

年　次	座繰生糸	器械生糸	年　次	座繰生糸	器械生糸
明治22年	524	356	明治40年	693	1,637
明治23年	499	368	明治42年	715	2,025
明治25年	603	517	明治44年	824	2,398
明治27年	562	734	大正元年	732	2,694
明治30年	702	835	大正 5年	636	3,539
明治33年	764	991	大正10年	490	5,218
明治35年	725	1,067	昭和 5年	461	10,179
明治38年	632	1,207	昭和10年	298	10,921

注：千貫は3750kg。（出典：『第５次　農商務統計表』（発行者不記）、1891年／『第７次　農商務統計表』農商務大臣官房記録課、1892年12月／『第９次　農商務統計表』農商務大臣官房文書課、1894年４月／『第11次　農商務統計表』1896年４月／『第13次　農商務統計表』1898年８月／『第15次　農商務統計表』農商務大臣官房文書課、1900年３月／『第17次　農商務統計表』農商務省総務局統計課、1902年３月／『第19次　農商務統計表』東京統計協会出版部、1904年３月／前掲『昭和14年７月　蚕糸業要覧』1939年より著者作成。）

米国にシフトされていく中で、米国は日本産高級生糸を強く要望するようになっていった。その理由は何であったであろうか。

米国の絹織物業界では、一八九〇年代（明治二〇年代）以降になると、力織機の導入と普及がめざましく、絹織物の生産額は急速な勢いで増加していった。この絹織物原料の生糸が日本からの輸入に負うところが大きかった。

米国では南北戦争（一八六一～一八六五年）以降、保護関税政策を取り続けたので、綿工業や羊毛工業は高関税障壁に守られ規模拡大をすることができた。

第４表　生糸輸出量

（単位・俵）

年　次	生糸輸出総量	内器械生糸	内座繰生糸
明治39年	103,947	95,339	4,193
明治41年	115,218	109,906	2,145
明治43年	148,462	141,230	1,706
大正元年	171,026	168,460	519
大正 3年	171,488	169,693	10
大正 5年	217,420	216,399	50
大正 7年	243,444	241,091	——

注１：斤、担を俵（60 kg）に換算した。
注２：生糸輸出総量には玉糸等の輸出量も含む。
（出典：前掲『昭和 14 年７月　蚕糸業要覧』1939 年）

第５表　米国への生糸輸出割合

（単位・％）

年　次	米 国	米国以外	年 次	米 国	米国以外
明治 6年	0.6	99.4	大正元年	76.5	23.5
明治14年	24.2	75.8	大正 5年	83.9	16.1
明治17年	50.6	49.4	大正10年	94.6	5.4
明治23年	67.0	33.0	昭和元年	96.6	3.4
明治33年	59.8	40.2	昭和 5年	95.5	4.5
明治38年	74.9	25.1	昭和10年	84.9	15.1

注：明治６～17 年は生糸量割合、明治 23 年以降は金額割合。
（出典：前掲『横浜市史第３巻　上』、『横浜市史第４巻上』、前掲『昭和 14 年７月　蚕糸業要覧』1939 年）

絹の加工業も高関税障壁によって、絹製品輸入が抑えられ、国内の絹生産品で賄われるようになったので、保護関税政策の恩恵を受けたが、米国内では生糸の輸入にも高関税を課税しようとする運動が起こった。しかし、絹加工業界の反対にあい課税することはできなかった。そのため、これに代わって、米国農務省は国の保護主義の政策方針に従って、国内で養蚕・製糸を行い、生糸の調達をすることにした。蚕種や桑苗はイタリアから輸入し、桑の栽培と蚕の飼育に取組みだした。しかし、煩雑な養蚕飼育技術や手先の器用さ・緻密さを必要とする製糸技術は、米国の農民や女性にはなじまず、自国での生糸生産は失敗に終わってしまった。結局は生糸を輸入し、高能率の撚糸機や力織機を稼動し、労働生産性を高める生産体制で絹産業の振興をはかった。

高速で稼働する撚糸機や力織機が、一旦、糸の切断で機械を停止すると、再稼働するまでのロスは非常に大きく、労働生産性を高めるためには、原料である生糸の質が重要な鍵を握っていた。

こうした問題を解決するため、米国の絹織物業者は生糸輸出国である中国や日本などに、織物の経糸・緯糸双方に適した均質で伸力・張力のある織機の速力に耐え、光沢のある優良生糸の製造を求めてきた。

この要求に対し、中国は対応できなかった。これに応えることができたのは日本だけであった。

米国の力織機の発達によって、日本の生糸輸出は増大し、蚕糸業を発展させることになり、明治末の一九〇九（明治四二）年からは、中国を抜いて世界第一位の生糸輸出国へと成長していった。

器械製糸は、全国各地に普及・発達していったが、米国の高品質生糸の製造要望に応え輸出量を増大するために、常に繰糸機の改良・開発に取組んできた。この繰糸機開発の取組みの中で、遂に米国の絹織業界から絶賛をあびる日本産生糸の誕生をみるに至った。この生糸は多条繰糸機で繰られたものであった。

(2)　多条繰糸機の開発

この多条繰糸機が実用化されるまでには、紆余曲折があった。この足どりをたどってみよう。

洋式繰糸機を導入して以来、和製の木製繰糸機に改良することばかりを進めてきたわけではなかった。洋式繰糸機に取組み始めた当初の製糸家は、資力に乏しかったので、製糸は人力七分、器械三分といわれ、器械製糸とはいっても工女の技術に頼り、粗雑な器械が多かった。

しかし、製糸家の中には、優良生糸の繰糸をめざすものが現れるようになり、イタリアやフランスから最新式の優良繰糸機を導入する者が現れるようになった。

その一人、佐野理八（福島県）は、一八八六（明治一九）年七月、宮城県伊具郡金山本郷（現・伊具郡丸森町）に独自の製糸会社を設立し、金属製の新式繰糸機を導入した。これに続いて一八八八（明治二一）年、滋賀県坂田郡醒ケ井《さめがい》村下丹入（現・米原市下丹入）に、近江住友製糸場がフランス製の鉄製四条繰りケンネル式繰糸機を導入した。この器械は自動索緒器と接緒器のついた大枠直繰式で汽缶《きかん》等すべてがフランス製の新式器械であった。このように外国製の新開発製品が国内各地に導入されるようになっていった。

こうした中で、発明の天才といわれた御法川《みのりかわ》直三郎は、外国製の新式繰糸機を見て、早速独自の繰糸機の開発に取りかかり、四緒繰りの器械を発明した。この器械は一八九五（明治二八）年京都市で開催された第四回内国勧業博覧会に出品し、関係者の注目を集めた。この繰糸機は三井家の富岡製糸場（旧官営富岡製糸場）、名古屋製糸場（愛知県西春日井市金城村、現・名古屋市西区田幡町）、三重製糸場（三重県三重郡四日市町、現・四日市市）の三工場をはじめ全国各地に導入されていった。この繰糸機こそが鉄製繰糸機の始まりといわれている。

御法川は翌一八九六（明治二九）年には東京小石川戸崎町（現・文京区小石川三・四丁目、白山二丁目あたりの所）に工場を建設し、製糸技術の研究と器械製作に打ち込んだ。

御法川式繰糸機が出回るようになると、舶来繰糸機は高価であるばかりか、構造上の欠陥等が目につき、疎遠されるようになり、国内の製糸業者は、国産の器械を導入するようになっていった。

このころになると、国内には繰糸器械を製作する工場が東京、横浜、諏訪をはじめ各地に建設されるようになり、信州式、関西式

写真13　御法川直三郎

（出典：日本蚕糸業史編纂委員会編『日本蚕糸業史第２巻』大日本蚕糸会、1935年）

に加え、御法川式、郡是式、筒井式、鐘紡式、西尾式、小沢式など多種の繰糸機が開発され普及していくようになった。また、一九一五（大正四）年、一九二〇（大正九）年の経済恐慌の後に訪れた生糸の需要増大と価格の高騰は、工女の雇用激化・工賃の高騰を招いたため、製糸経営は器械化・合理化をはからなければならなくなっていった。

このように、繰糸機の開発が進められる中で、多条繰糸機の開発が始まった。

この多条繰糸機の第一号機が世に顔をだしたのは、一九〇三（明治三六）年、大阪で開催された第五回内国勧業博覧会であった。御法川直三郎が発明した一二緒繰りの直繰繰糸器が出品された。今まで国内で開発されてきた繰糸機の二～三倍以上もの緒数があり、しかも冷水で、ゆっくりと回転させ繰糸をするという器械で、欧州の先進地でも発明することのなかった繰糸機であった。しかしながら、この当時の国内の繰糸機は、二緒（糸繰り枠数二枠）か、三緒（糸繰り枠数三枠）で、多くても四緒程度であったので、好奇心をもって見るだけで、誰も導入しようという者はいなかった。

翌一九〇四（明治三七）年には、二〇条製糸機を発明したが、さらに回転が遅いため接緒（繰糸中の繭が落ちた場合に補充の繭の糸口を付けること）が難しく、実用化することはできなかった。そこで御法川は外国製品と比較しながら接緒器の開発に取組み、人手では難しかった接緒を接緒器で行うことに成功した。この器械が一九〇七（明治四〇）年に開催された東京勧業博覧会に出品され、栄えある一等賞に輝いたが、しかし、この時もこの製糸機を導入しようとする者は現れなかった。

御法川はその後も改良に改良を重ね、糸故障のあった際に、全枠を停止させるのではなく、故障繰り枠だけを停止させることに成功した。こうして、ほぼ完成に近い低温繰糸緩速度直繰多条機にしたのは、一九二一（大正一〇）年八月のことであった。この器械を翌大正一一年東京上野公園で開催された平和記念博覧会に出品し、場内で実地繰糸を行ったところ、関係者の注目を集めた。この器械で繰糸した生糸は富山県模範織物工場や鐘紡山科日本絹布工場で試織され賞賛された。

御法川はさらに改良を重ね、一九二五（大正一四）年に至って、ようやく低温繰糸緩速度直繰多条機を完成させた。この二〇条ある多条繰糸機の開発に二〇年を越える歳月をかけた。

同年神戸市開催の絹業博覧会や米国ニューヨークやシカゴの展覧会に本機を出品し、翌大正一五年六月には米国フィラデルフィアで開催された万国博覧会に出品し、実地繰糸を行い海外の注目を集めた。

この多条繰糸機が完成したころの米国では、メリヤス靴下類の需要が激増しており、糸条斑の少ない上質生糸を要望していた。この要望に応えたのが、多条繰糸機で繰った生糸で、他の器械の生糸の追従をまったく許さなかった。

写真14　御法川式多条繰糸機

（市立岡谷蚕糸博物館蔵）

米国の生糸市場では、ワンダフル・ダイヤモンド・グランドダブルエキストラと称され高く評価された。

世界経済不況に苦しむ一九三〇（昭和五）年、米国の生糸市場では「ミノリカワ・ロウシルク」とよび、一般の生糸よりもかなり高価な値段で取引された。

この御法川の多条繰糸機開発に資金・物資などの両面から支援し続けたのが、片倉製糸紡績会社（後の片倉工業株式会社）副社長の今井五介（写真7）であった。今井は御法川の多条繰糸機開発の研究に、同社の大宮試験部を充てるという熱の入れようであった。従って御法川式多条繰糸機（写真14）が完成した時には、片倉製糸紡績会社独占機種となり、優良生糸を米国へ大量に売り込んでいった。

御法川式多条繰糸機が完成し稼動すると、国内の製糸機械製作会社は黙って見ていなかった。類似の多条繰糸機を製作し販売するようになった。多条繰糸機に関する特許が次々と申請される時代を迎え、多条繰糸機万能時代を迎えたかの様相を呈した。機種は御法川式、織田式、郡是式、交水社式、半田式、増沢式など二〇余種を越え、高品質生糸が米国を中心に大量に輸出されるようになった。

この多条繰糸機は、戦後の一九六〇（昭和三五）年ごろまで、主力繰糸機として使用されたが、その後、新たに開発された自動繰糸機の普及によって影をひそめていった。

5　自動繰糸機の開発

自動繰糸機が開発され普及したのは太平洋戦争後のことであるが、この開発の歴史をさかのぼれば、ヨーロッパでは一九世紀末ごろから始まっている。

わが国では明治二〇年代から自動繰糸機の開発に向けた研究が行われるようになり、圓中文助が一八八八（明治二一）年に自動繰糸機の特許を出願しているが、普及はしなかった。

多条繰糸機の開発中や普及されだしたころには、自動繰糸化に向けた開発研究が盛んに行われており、その例として、自動索緒装置、自動接緒器、落緒繭収集装置、繰糸中の繭層よりでた蛹の自動収集装置、故障枠停止装置、繊度均整装置などを上げることができる。この研究の一部は多条繰糸機にも利用され、索緒器、接緒器、糸条切断防止装置などが取入れられた。

自動繰糸機として初めて製作され、発表されたのは、湯浅藤一郎（東京）が発明した器械であった。この自動繰糸機は、一九二五（大正四）年には特許をえ、一九二九（昭和四）年には原合名会社（原三渓経営）の横浜子安の製糸研究所で製作をした。器械は売却せず有料で貸出した。この器械は索緒器、自動接緒器、揚り繭の再索緒、蛹の収集装置などを装備したものであったが、太平洋戦後に開発された自動繰糸機のような完全な器械ではなかった。

神戸市の紡機製造株式会社では、一九三一（昭和六）年一〇月、一台四〇条繰りの完全索緒、完全自動接緒器を備えた自動繰糸機を発表した。

片倉製糸紡績株式会社でも、自動化の開発研究が行われており、一九三三（昭和八）年、同社松本工場に一釜一〇緒の多条繰糸機型の「〇井《マルイ》式自動繰糸機」を設置し、一九四〇（昭和一五）年前後には、同社川岸製糸所（岡谷市川岸）に七二台設置した。この器械による繰糸は、企業秘密にされ公開はされなかったようである。

このように自動繰糸機の開発は、明治時代から行われてきたが、未完成のまま太平洋戦争によって一時中断されてしまった。

自動繰糸機の本格的な開発は、ＧＨＱによる間接統治されている戦後の混乱期の中で、産・学・官による開発の取組みが始まった。

片倉工業株式会社は、一九四六（昭和二一）年に開発研究を再開し、一九五一（昭和二六）年に遂に念願の自動繰糸機を完成させることができた。繊度感知器を装着した繰糸機で、片倉Ｋ８Ａ型自動繰糸機と命名されて、第一号機は埼玉県にある同社の片倉石原製糸場に設置された。片倉工業株式会社は昭和二八年までに自社用として同社の各製糸工場に四六セット（一セット・四百緒）を設置した。さらに、翌昭和二九年には、張力を利用した自動繰糸機を開発し自社で使用した。

郡是製糸株式会社でも自動繰糸機の開発を進めており、一九五一（昭和二六）年に定粒式自動繰糸機を完成させ、同社本宮工場に設置した。

翌一九五二（昭和二七）年になると、恵南協同蚕糸株式会社（岐阜県恵那郡岩村町、現・恵那市岩村町）が、七月に落繭感知式自動繰糸機（定粒方式）を開発し、同年一〇月に鐘淵紡績株式会社新町工場に納入し、その後引続いて各製糸会社に同型機種を数多く設置していった。一九五九（昭和三四）年には農林省蚕糸試験場が開発した繊度感知器を使った定繊度型自動繰糸機「アリバー」を完成し普及させた。

戦時中の花形産業として飛行機の製造を行っていた立川飛行機株式会社は、戦後、たま自動車株式会社となり、さらにプリンス自動車株式会社とニッサン自動車株式会社として再発足したが、ニッサン自動車株式会社は一九四六（昭和二一）年から新事業として、自動繰糸機の開発研究を開始した。試行錯誤を繰り返しながら一九五〇（昭和二五）年、循環移動給繭方式とフック式定粒感知方式を取り入れた「たま8定粒式自動繰糸機」を完成させ、日本レーヨン株式会社桐生工場においてテスト繰糸を行った。さらに落繭感知装置を開発し「たま9定粒式自動繰糸機」を開発した。この結果、一九五二（昭和二七）年に至り、「たま10定粒式自動繰糸機」を完成させることができ、日本レーヨン株式会社米子工場に納め一年間のテスト繰糸を行った後、一九五四（昭和二九）年三月、実用機第一号を納め稼動しだした。

国内では、このように各社によって昭和二〇年代後半から自動繰糸機が開発され普及されだした。

この当時、定粒式から生糸の繊度を感知する機器の開発研究が盛んに行われていた。こんな中、農林省蚕糸試験場では、一九五五（昭和三〇）年にゲージ式繊度感知器を開発し特許をえた。この感知器は所定の厚さをもったゲージ板と二枚のゲージガラス板で組み立てられた円形をした機器であった。ゲージ板を二枚のゲージガラス板で挟み、この中を通過する生糸の摩擦抵抗で繊度を計測する仕組みになっていた。

農林省蚕糸試験場とニッサン自動車株式会社は、この感知器を取り付けた定繊度式自動繰糸機を開発することにし、産・学・官による共同製作が始まった。繊度感知器の改良をはじめ移動給繭方式など一連の自動装置システムの改良と開発を行い、一九五七（昭和三二）年三月、この定繊度自動感知機構を取り付けた「たま自動繰糸機スタンダード（RM型）」を完成させることができた。

このRM型の評価は高く、たちまち各地の製糸会社に導入されるようになり、製糸の大会社である片倉工業株式会社も、自社用自動繰糸機の開発を中止し、昭和三三年からはニッサンの「たま自動繰糸機スタンダード（RM型）」を導入するようになった。

写真15　ニッサンプリンスの「たま自動繰糸機」

（出典：『蚕糸の光』第21巻1月号、全国養蚕農業協同組合連合会、1968年）

写真16　繊度感知器

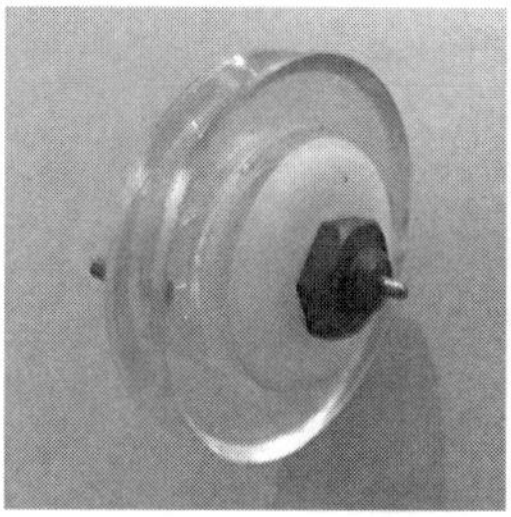

（シルク博物館蔵。著者撮影）

その後、一九六四（昭和三九）年に開発された「たま自動繰糸機デラックス型（HR型）」は、自動繰糸機の技術的ノウハウすべてを集大成した機種といわれ、一九六七（昭和四二）年から爆発的な普及をしていった。

昭和三〇年代半ばから約一〇年間は、自動繰糸機普及の黄金時代を迎えた。ニッサン自動車株式会社では、一九五五（昭和三〇）年からは、自動繰糸機を韓国、中国、イタリア、フランス、ブラジルなど世界の生糸生産国へ輸出するようになった。

明治初期には蚕糸技術先進国であったイタリア、フランスから製糸器械を導入していたが、その立場が逆転し輸出国になったのである。

自動繰糸機の普及によって、生糸品質はいうまでもなく向上し、能率面でも非常に高率となり、製糸工場運営に大きく寄与した。能率面を工女一人当りの繰糸量で比較してみると、多条繰糸機に比較して定繊度式自動繰糸機RM型で七〜八倍、HR型で一〇〜一一倍という飛躍的な進歩であった。技術者たちのたゆみない努力によって、世界に誇る高級生糸を生産する自動繰糸機を作り上げた。

写真17　自動繰糸機による繰糸風景

(1960年代後半～1970年代初め頃著者撮影)

6　桑園管理や飼育等の機械化

終戦後、製糸業は自動繰糸機の開発と普及によって近代的な工場で生糸生産が行われるようになった。

一方、養蚕業は、昭和二〇～三〇年代初めまでは戦前からの飼育法が主体に行われており、人と蚕が同居する「居宅養蚕」(2章、写真14参照)が行われてきた。

昭和三〇年代ごろから農村の生活環境が改善されるに従って、居宅養蚕は追放されるようになり、次第に専用の蚕室・蚕舎で飼育が行われるようになっていった。

戦後、農業や養蚕業などの第一次産業は、急速に発達しだした第二次産業・第三次産業との間に、所得格差が生ずるようになり、この格差を是正しなければ、今後の農業・養蚕経営の継続は難しくなってきていた。このため、労働生産性の向上をはかり、経営面積や飼育規模の拡大により農業所得を増大することが急務であったので、政府は一九五三(昭和二八)年に農業機械化促進法を制定し、農村へ農業用機械を導入し、労働生産性の向上と所得の増大をはかることにした。

養蚕業関係では、昭和三〇年代に入ると、桑園や飼育規模の拡大を行うようになり、施設化・機械化によって労働生産性を上げる取組みが始まった。

政府は昭和四〇年六月には、先に施行した農業機械化促進法の一部改正を行い、農業へ高性能の大型機械を導入する取組みを始めた。この法改正によって水田等を耕作する一般農業関係のみならず、養蚕関係でも昭和四〇年代から四輪トラクターや大型飼育機の普及がみられるようになっていった。

戦後、農業の機械化が始まると、農機具製作会社は、養蚕関係の機械・機具の開発と販売も競って行うようになっていった。

写真18　機械による桑園除草

（1970年代著者撮影）

写真19　二輪条桑収獲機

（出典：『蚕糸の光』第24巻9月号、1971年）

写真20　二輪中耕除草機

（出典：『蚕糸の光』第37巻10月号、1984年）

写真21　二輪トラクターによる牽引

（出典：『蚕糸の光』21巻12月号、1968年）

(1)　桑園管理機の開発と普及

養蚕農家では、昭和三〇年代後半から桑園の肥培管理・耕耘・除草や運搬などの作業に開発された機械を用いるようになった。

桑園管理は、当初、小型の二輪トラクター（写真18）が開発され普及しだしたが、次第に改良され、桑園の耕耘のみならず、桑や肥料の搬送牽引をはじめ溝掘り、施肥、消毒、桑収穫など多機能をもった機械（写真19・20・21・22参照）が開発・普及されていったので、多くの農家が導入するようになった。

昭和四〇年代に入ると、桑の栽培は大型機械に適した栽培法が確立され、除草・耕耘・溝掘り・施肥・薬剤散布・抜根・条桑

写真22　二輪トラクターによる密植桑園の条桑刈取り風景

（昭和50年代著者撮影）

写真23　乗用桑刈機

（出典：前掲『神戸生糸取引所所史』）

写真24　四輪トラクターによる桑改植のための抜根作業

（昭和50年代著者撮影）

写真25　四輪トラクターによる条桑収獲作業風景

（出典：『蚕糸の光』第22巻7月号、1969年）

写真26　四輪トラクターによる桑園内の除草作業

（昭和50年代著者撮影）

写真27　多段水平移動式稚蚕桑葉育用自動飼育機

（出典：『蚕糸の光』第20巻9月号、1967年）

収獲など様々な作業が大型機械（写真23・24・25・26参照）で行われるようになっていった。「歩く農業から乗る農業」へと変化をし始めた時代であった。

(2) 蚕飼育機の開発と普及

飼育面では、昭和三〇年代後半から機械化へ向けて動きだし、四〇年代には大きな変化をみるようになった。最初に、各地に普及した稚蚕共同飼育の機械化・装置化の状況をみてみよう。

稚蚕共同飼育は、明治時代から各地で行われていた。これらの飼育所では稚蚕飼育技術を習得する場であると同時に、燃料や労力の節減を目的とした持ち寄り飼育の場でもあった。稚蚕共同飼育として本格的に機能しだしたのは、天竜育や土室育、電床育などの飼育法が盛んに普及しだした昭和二〇年代以降のことである。

写真28　螺旋循環型稚蚕桑葉育用自動飼育機（信光技研本社工場内）

（昭和50年代著者撮影）

このような飼育を行っていた稚蚕共同飼育所は、昭和四〇年代以降、国庫事業等の支援を受けて近代的な施設となり、飼育温度・湿度・気流の自動調整を行う空気調整装置や稚蚕飼育機の導入によって、今まで日夜、苦労していた温度・湿度管理や飼育管理から解放されるようになった。

稚蚕共同飼育所には、一九六七（昭和四二）年に実用化された多段水平移動式桑葉育用稚蚕自動飼育機（写真27）や、その後農林省蚕糸試験場松本支場によって開発された螺旋《らせん》循環型桑葉育用稚蚕自動飼育機が、各メーカーによってさらに改良（写真28参照）され、導入されるようになった。まさに工場化された稚蚕共同飼育所となった。

これら稚蚕自動飼育機はマルビー、信光技研、共立、中央製作所など各社によって開発・改良が進められ、年々機能の良い機種が稚蚕共同飼育所に導

写真29　稚蚕人工飼料育給餌・整座作業

（昭和50年代著者撮影）

写真30　人工飼料供給センター

（出典：『蚕糸の光』第31巻11月号、1978年）

入されていった。

さらに、一九七七（昭和五二）年からは、最新技術の稚蚕人工飼料育が導入されるようになり、各地の稚蚕共同飼育所に普及（写真29参照）していった。

今まで普及した桑葉育の稚蚕飼育機は、人工飼料育用に転用した所や新たに開発された人工飼料育用飼育機を導入するところなど対応は様々であったが、全国各地の稚蚕共同飼育所は人工飼料育へと移行していった。

人工飼料育が始まると稚蚕用人工飼料の供給センター（写真30参照）が各地に建設されるようになっていった。この供給センターは食品工場と同様に厳重な衛生管理のもとに飼料の製造を行った。稚蚕用人工飼料は、乾燥桑葉粉末、脱脂大豆粉末、とうもろこし澱粉《でんぷん》、蔗糖、大豆油、無機塩混合物、セルロース粉末、ビタミン類、クエン酸など蚕の発育に必要な物質に防腐剤、寒天などを混合し、これに水を加え加熱して羊羹《ようかん》状の飼料にしたものである。水分量の多い栄養価の高い飼料なので、蚕に与える直前まで冷蔵庫に保管し変質しないように心がけた。

飼育室は飼育前に洗浄と消毒を行い、蚕の病原菌がないようにし、空気調整装置には除菌フイルターを取り付け、外部からの菌の侵入を防ぎ、作業者は白衣・帽子・マスク・手袋・長靴など専用衣類を着用して、清浄環境のもとで飼育作業等を行った。

人工飼料育用の空気調整装置は、中央製作所、小糸工業、南奥電気、信光技研、マキ製作所など各社で開発した機種が現地に導入されていった。

人工飼料メーカーとしては、農産工業、協同飼料、片倉工業、グンゼ、武田薬品、ヤクルトなど数社が、互いに独自の飼料を開発して販売を始めた。協同飼料は乾燥飼料を、他社は前述のような羊羹状にした湿体飼料の販売を始めたが、各地に人工飼料供給センターができると、粉体人工飼料を販売するようになり、現地で人工飼料の調整が行われるようになっていった。

人工飼料育用飼育機は中央製作所、マキ製作所、信光技研、松本鉄工所などによって独自の飼育機が開発されて各地の稚蚕共同飼育所に導入されていった。

全国的に稚蚕共同飼育施設が発達した昭和五〇年代以降になると、養蚕農家の九〇パーセント以上が、この共同飼育所を利用するようになり、個人飼育は減少していった。稚蚕共同飼育は、多くの場合、農業協同組合等の農業団体が経営する場合が多かった。

写真31　台車付簡易飼育装置による給桑作業（別名：スーパー飼育台）

（昭和50年代著者撮影）

次に養蚕農家の飼育施設の機械化・装置化についてみてみよう。

農家の飼育施設は、昭和三〇年代に入ると、だんだんに専用蚕室・蚕舎を建設し、簡易な飼育装置や飼育機械を導入して飼育を行うようになっていった。特に昭和三〇年代後半からは飼育の簡易な装置化、機械化が進められるようになり、給桑ワゴンや台車付簡易飼育装置（写真31）などが考案され養蚕農家に普及していった。重い条桑を抱えて蚕に桑を与えていた作業も、この簡易装置によって解消された。特に簡便な台車付簡易飼育装置は多くの農家に導入され、現在も使用されている。

また、昭和四〇年代になると、大規模養蚕農家では大型飼育機械による養蚕

写真 32　水平移動式壮蚕飼育機

（昭和 40 年代著者撮影）

写真 36　動力条払機（別名・熟蚕収集機）

（昭和 50 年代著者撮影）

写真 33　多段循環式壮蚕飼育機

（1983 年著者撮影）

経営が行われるようになっていった。

大型の水平移動式壮蚕飼育機（写真32）や多段循環式壮蚕飼育機（写真33）が、養蚕協業経営や個別の大規模養蚕経営を行う農家用として普及されだした。飼育機メーカーは争って年々、機械の改良を行ったので非常に性能のよい飼育機となっていった。循環移動式も水平移動式も四～六段の構造のものが普及した。この飼育機導入によって飼育施設の高度利用と作業の省力化・高能率化がはかられ、飼育規模拡大につながった。

以上のような飼育機械の外に、蚕の飼育に関わる様々な機械、器具が戦後開発され普及していったので、その例を紹介しよう。

蚕は成育に適した温度で飼育することが肝要であることは今も昔も変わら

写真 34　石油ストーブ

（1967 年著者撮影）

写真 35　養蚕用温風暖房機

（出典：『蚕糸の光』第 24 巻 1 月号、1971 年）

ない。従って適温を下回る寒い飼育時期の飼育室の温度管理は、古くから埋薪や炭火、練炭などによる補温が行われてきた。戦後になると飼育室の補温は石油ストーブ（写真34）の普及で改善されていったが、さらに人手を煩わさない養蚕用温風暖房機（写真35）が開発され、自動温度感知器によって蚕の飼育環境や上蔟環境の制御は大きく改善されるようになった。

上蔟作業（蔟作りをするため糸を吐こうとしている蚕をマブシという蔟作り用の道具に移すこと）は、養蚕飼育の中で、短時間に非常に多くの労力を要したので、規模拡大のネックになっていた。

この作業は昭和四〇年代になると機械化され始めたので上蔟作業は大きく改善されるようになった。機械化されるまでは熟蚕（蔟作りをするため糸を吐こうとしている蚕）を一頭ずつ拾ってマブシに入れていたので、この時は猫の手も借りたい時期で、家族を総動員し、さらに隣近所の人手も借りて作業にあたったものであった。これが機械化され、動力条払機（写真36）の開発によって熟蚕収集ができるようになったので、養蚕飼育の大きなネックが取り去られ、規模拡大と省力化をすることができるようになった。

農家では上蔟から一〇日ほど過ぎると、回転マブシ（写真37）から繭を取出す作業（収繭作業）を行う。

当初は手作業（写真38）で繭を集め、繭の毛羽を取り、選繭を

写真37　営繭中（回転マブシ）

（昭和50年代著者撮影）

写真38　回転マブシからの手作業収繭

（出典：『蚕糸の光』第20巻12月号、1967年）

写真 41　自動収繭毛羽取機による作業

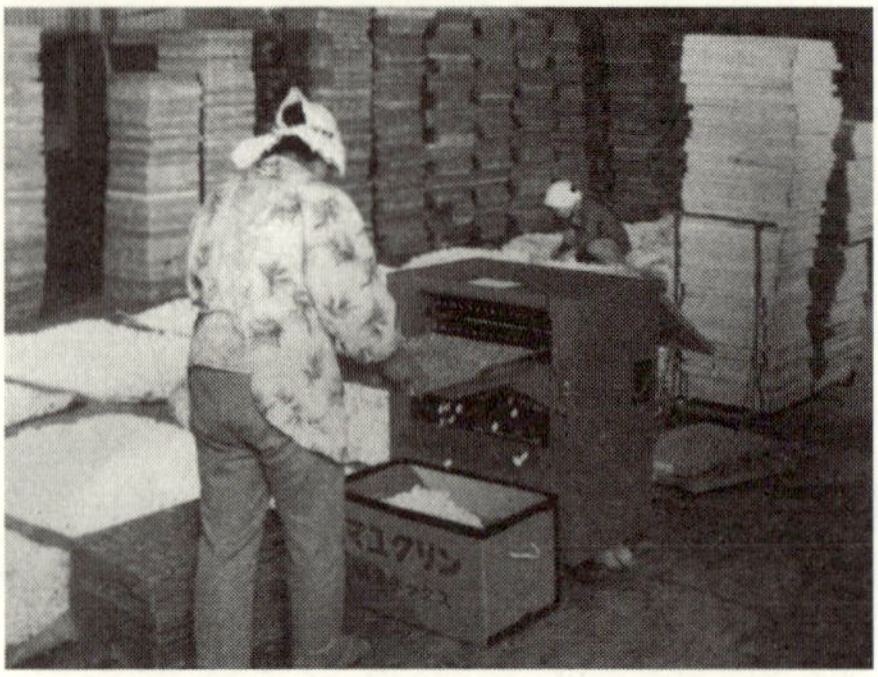

（出典：『蚕糸の光』36 巻 6 月号、1983 年）

写真 39　足踏み式簡易収繭機

（出典：『蚕糸の光』第 23 巻 2 月号、1970 年）

写真 40　自動収繭機

（出典：『蚕糸の光』第 20 巻 7 月号、1967 年）

行って出荷した。この収繭作業や毛羽取り作業も段々と機械化され、簡易な足踏《あしぶみ》収繭機（写真39）から自動収繭機（写真40）、自動収繭毛羽取機（写真41）が開発され普及するようになり、養蚕の規模拡大と省力化につながっていった。

このように、昭和四〇～五〇年代には養蚕農家の桑園管理をはじめ桑収穫から飼育・上蔟・収繭に至るまでの一連の作業は、装置化・機械化、施設化され、近代的な養蚕が行われるようになった。

近代的な養蚕技術が確立し、大規模養蚕農家が誕生していったが、日本経済は円高が進み、賃金の高騰、外国絹製品の輸入増大などによって蚕糸業は厳しい時代を迎えた。蚕糸業のみならず、第一次産業全体に大きな逆風が吹き農林水産業から撤退する農家が増加し始めた。特に養蚕業はこの影響を受け、年々養蚕農家は減少し、残った農家も高齢化してゆき、後継者不足を招いていった。

世界第一位の生糸生産国であった日本は、一九七七（昭和五二）年には中国に追い越され、現在は世界有数の生糸・絹製品輸入国になってしまった。

蚕糸・絹業にとって、今まで経験したことのない厳しい時代を迎えたが、現在、伝統絹文化を残そうと、全国各地で川上の養蚕・製糸業に携わる人々と川下の撚糸・精練・製織・製品加工・流通に至る人々が共に連携し、各地の国産絹ブランド作りに取り組みだしている。日本の絹文化の維持発展のために、この新たな取り組みに、大きな期待が寄せられている。

引用・参照文献（五十音順）

愛知県蚕糸吏員協会『愛知県之蚕糸業』愛知県蚕糸吏員協会（一九二三年）
安藤雅之『講演記録　横浜開港と横浜への絹の道』シルクセンター国際貿易観光会館シルク博物館部（二〇〇二年）
飯塚一雄「横浜スカーフの歩み――職人が築いた世界的商品――」『郷土神奈川』34号、神奈川県立図書館（一九九六年）
飯塚山五郎『最新実験蚕業新書　完』大日本農業奨励会出版（一九〇七年）
石井寛治『近代日本とイギリス資本』東京大学出版会（一九八四年）
石井進・笠原一男・児玉幸多・笹山春生ほか八名『詳説日本史』山川出版社（二〇〇三年）
石川連城『大震災経済史』日本評論社出版部・時事新報社（一九二四年）
石田孫太郎『明治蚕業大事紀』大日本蚕業学会（一九一二年）
伊藤智夫『蚕の栄養と人工飼料』日本蚕糸新聞社（一九八三年）
伊藤正和・小林宇佐雄・嶋崎昭典『ふるさとの歴史　製糸業』岡谷市教育委員会（一九九四年）
井上善次郎『まゆの国』埼玉新聞社（一九七七年）
今井五介翁伝記刊行委員会『今井五介翁伝』西ヶ原同窓会（一九四九年）
今井幹夫『富岡製糸場の歴史と文化』みやま文庫（二〇〇六年）

入江魁『蚕糸業更生の道』明文堂（一九三二年）
色川大吉「絹の道　明治のシルクロード」『道の文化』講談社（一九七九年）
上垣守国『養蚕秘録』江戸書林・大阪書林・京都書林（一八〇三年）
江口善次・日高八十七『信濃蚕糸業史』下巻、大日本蚕糸会信濃支部（一九三七年）
遠藤保太郎『実用栽桑講話』明文堂（一九二〇年）
遠藤保太郎・樋口琢磨『日本桑樹栽培論』明文堂（一九二九年）
老川慶喜『日本史小百科　近代　鉄道』東京堂出版（一九九七年）
大蔵省関税局『税関百年史』日本関税協会（一九七二年）
岡部福蔵『桐生地方史』下巻再版、愛隣堂（一九三〇年）
沖正義『昭和四年版　世界蚕糸絹業年鑑』蚕糸絹業日本社（一九二九年）
岡谷蚕糸博物館紀要編集委員会『岡谷蚕糸博物館紀要』1号、教育長齋藤保人・岡谷市教育委員会（一九九六年）
岡谷蚕糸博物館紀要編集委員会『岡谷蚕糸博物館紀要』3号、岡谷市教育委員会（一九九八年）
岡谷蚕糸博物館紀要編集委員会『岡谷蚕糸博物館紀要』4号、教育長北澤和男・岡谷市教育委員会（一九九九年）
岡谷蚕糸博物館紀要編集委員会『岡谷蚕糸博物館紀要』6号、教育長北澤和男・岡谷市教育委員会（二〇〇一年）
岡谷蚕糸博物館紀要編集委員会『岡谷蚕糸博物館紀要』9号、教育長北澤和男・岡谷市教育委員会（二〇〇四年）
岡谷蚕糸博物館紀要編集委員会『岡谷蚕糸博物館紀要』12号、教育長北澤和男・岡谷市教育委員会（二〇〇七年）
岡谷蚕糸博物館紀要編集委員会『岡谷蚕糸博物館紀要』13号、教育長岩下貞保・岡谷市教育委員会（二〇〇八年）
岡谷蚕糸博物館紀要編集委員会『岡谷蚕糸博物館紀要』14号、教育長岩下貞保・岡谷市教育委員会（二〇〇九年）

＊

加藤集次『本邦に於ける一代交雑蚕種の発祥史』一代交雑蚕種発祥記念会（一九二八年）
神奈川県『神奈川県震災誌』（一九二七年）
神奈川県経済研究所『地域経済シリーズNo.31　横浜スカーフの概要』（一九八一年）
神奈川県経済研究所『地域経済シリーズNo.32　横浜スカーフの歴史』（一九八一年）

神奈川県県民部県史編集室『神奈川県史』通史編六「近代・現代（3）産業・経済Ⅰ」（一九八一年）
神奈川県県民部県史編集室『神奈川県史』通史編七「近代・現代（4）」（一九八一年）
河合清『昭和二年日本生糸要覧』志留久社（一九二七年）
群馬県蚕糸業史編纂委員会『群馬県蚕糸業史』下巻、群馬県蚕糸業協会（一九五四年）
群馬県立日本絹の里「第4回企画展　製糸～近代化の礎～」群馬県立日本絹の里（二〇〇〇年）
小泉勝夫『蚕糸業の歩みとこの底辺を支えた人々』（一九九七年）
小泉勝夫「横浜スカーフについて」『シルク情報』2000、12月号、農畜産業振興事業団（二〇〇〇年）
小泉勝夫『消えゆく養蚕用語』シルク博物館（二〇〇四年）
小泉勝夫『蚕糸業史――蚕糸王国日本と神奈川の顛末』（二〇〇六年）
小泉勝夫「横浜開港とシルク貿易」『シルクレポート』二〇〇九年九月号～二〇一〇年五月号、No.8～No.12、大日本蚕糸会蚕糸・絹業提携支援センター（二〇〇九～二〇一〇年）
小泉勝夫「横浜開港とシルク貿易」『シルクレポート』二〇一〇年九月号～二〇一二年五月号、No.14～No.24、大日本蚕糸会蚕糸・絹業提携支援センター（二〇一〇～二〇一二年）
小泉勝夫「横浜開港とシルク貿易」『繊維製品 消費科学』第53巻第1号、日本繊維製品消費科学会（二〇一二年）
神戸生糸絹市場三十周年記念祭委員会『生糸絹織物と神戸』（一九五四年）
神戸生糸取引所『神戸生糸取引所　所史』（一九六六年）
神戸生糸取引所『神戸生糸取引所十五年史』（一九六六年）
神戸市教育委員会・神戸市『大輪田の泊の石椋説明文』（神戸市兵庫区島上町の石椋脇に設置された説明文）（二〇〇五年）
神戸市港湾局『神戸開港一〇〇年の歩み』（一九六七年）
神戸市立生糸検査所『新築落成記念　神戸生糸市場史』（一九二七年）
神戸農林規格検査所『神戸生糸検査所史』（一九八二年）

＊

酒井義一『神戸生糸市場満十年史』神戸蚕糸絹業日報社（一九三三年）

蚕糸絹用語編纂委員会『蚕糸絹用語集』財団法人大日本蚕糸会（二〇一二年）
椎野秀聡・青山弦『1859 日本初の洋装絹織物ブランド　S・SHOBEY』椎野正兵衛商店（二〇一二年）
篠原昭・嶋崎昭典・白倫『絹の文化誌』信濃毎日新聞社（一九九一年）
嶋崎昭典『糸の街岡谷』（二〇一一年）
社史編纂委員会『郡是製糸株式会社六十年史』郡是製糸株式会社（一九六〇年）
シルク社『シルク時報』第二巻第五号（一九三四年）
シルクセンター国際貿易観光会館五〇年のあゆみ編集委員会『五〇年のあゆみ』シルクセンター国際貿易観光会館（二〇〇九年）
須坂製糸研究委員会『須坂の製糸業――製糸の歴史・技術・遺産――』須坂市教育委員会生涯学習課（二〇〇一年）
鈴木三郎『製糸学』アヅミ書房（一九五二年）
全国養蚕農業協同組合連合会蚕糸の光編集部『蚕糸の光』第12巻11月号～第38巻12月号（一九五九～一九八五年）
全国養蚕農業協同組合連合会蚕糸の光編集部『図説実用養蚕読本』（一九七六年）

＊

高木一三『栽桑及び種苗学』東京弘道館（一九三一年）
高見丈夫『蚕種論』全国蚕種協会（一九六九年）
高柳光寿・竹内理三『角川日本史辞典』第二版、角川書店（一九九五年）
大日本蚕糸会『蚕糸要鑑』大日本蚕糸会（一九二六年）
大日本蚕糸会蚕糸・絹業提携支援センター『シルクレポート』二〇一二年七月号、No.25（二〇一二年）
帝蚕倉庫株式会社『帝蚕倉庫六十年史』（一九八九年）
帝蚕倉庫株式会社『70年のあゆみ』（一九九五年）
東京銀行『横浜正金銀行全史』第六巻（一九八四年）
東京日報社『東京日日新聞』明治二〇年五月一三日付（一八八七年）
東京日報社『東京日日新聞』明治二〇年一〇月六日付（一八八七年）

富岡市教育委員会『富岡製糸場のお雇い外国人に関する調査報告』（二〇一〇年）
富岡市教育委員会『日本国の養蚕に関するイギリス公使館書記官アダムズによる報告書』（二〇一一年）
富岡市教育委員会『平成23年度富岡製糸場総合研究センター報告書』（二〇一二年）
鳥居幸雄『神戸港一五〇〇年』海文堂出版（一九八二年）
外山亀太郎「蚕種類の改良」『蚕業新報』第一五八号（一九〇六年）
外山亀太郎『蚕種論』丸山社書籍部（一九〇九年）
外山亀太郎『実験蚕の遺伝』二松堂書店（一九一八年）
外山亀太郎『体質改善　遺伝の実験』弘学館（一九一八年）
外山亀太郎『品種改良蚕の遺伝講話』弘学館（一九一八年）

＊

内務省社会局「写真と地図と記録で見る関東大震災誌・神奈川編」『大正震災誌』復刻版、千秋社（一九八八年）
西川正臣「明治初年の生糸貿易の概況」『横浜開港資料館紀要』第六号、横浜開港資料館（一九八八年）
西川正臣「開港直後の横浜と貿易」『横浜開港資料館紀要』第七号、横浜開港資料館（一九八九年）
西川正臣「開港直後の横浜生糸売込商」『横浜開港資料館紀要』第九号、横浜開港資料館（一九九一年）
西川正臣『横浜開港と交通の近代化――蒸気船・馬車・馬車をめぐって――』日本経済評論社（二〇〇四年）
西坂勝人『神奈川県下の大震火災と警察』大震火災と警察刊行所（一九二六年）
日本蚕糸学会『総合蚕糸学』日本蚕糸新聞社（一九七九年）
日本蚕糸学会『改定蚕糸学入門』大日本蚕糸会（二〇〇二年）
日本蚕糸学会蚕糸学用語辞典編纂委員会『蚕糸学用語辞典』日本蚕糸学会（一九七九年）
日本風俗史学会『日本風俗史事典』弘文堂（一九八〇年）
日本輸出スカーフ等製造工業組合「業界の系譜」編纂委員会『横浜スカーフ業界の系譜――組織と人脈――』日本輸出スカーフ等製造工業組合「業界の系譜」編纂委員会（一九八九年）
農林省蚕糸園芸局蚕糸改良課『養蚕機械化作業指導の手引』日本蚕糸広報協会（一九六九年）

農林省蚕糸局『蚕糸業要覧』農林省蚕糸局（一九三一年）
農林省蚕糸局『蚕糸業要覧』農林省蚕糸局（一九三九年）
農林省蚕糸局『蚕糸業要覧』昭和三三年版、日本蚕糸広報協会（一九五八年）
農林水産省農蚕園芸局蚕糸改良課『稚蚕人工飼料育指導の手引』日本蚕糸新聞社（一九八一年）
農林水産省生産局特産振興課『蚕業に関する参考統計』平成12年度、農林水産省生産局特産振興課（二〇〇一年）
農林水産省生産局特産振興課『蚕業に関する参考統計』平成17年度、農林水産省生産局特産振興課（二〇〇六年）
農林水産省農蚕園芸局『蚕糸業要覧』日本蚕糸新聞社（一九八二年）
農林水産省農蚕園芸局蚕業課『蚕業に関する参考統計』平成2年度、農林水産省農蚕園芸局蚕業課（一九九一年）
農林水産省農蚕園芸局蚕糸課『蚕業に関する参考統計』平成7年度、農林水産省農蚕園芸局蚕糸課（一九九六年）
農林水産省農蚕園芸局蚕糸課『蚕糸業要覧』農林水産省農蚕園芸局蚕糸課（一九九八年）

*

橋本重兵衛『生糸貿易之変遷』全、丸山舎（一九〇二年）
萩原進『新版　炎の生糸商　中居屋重兵衛』有隣堂（一九九四年）
早川卓郎『蚕糸要鑑』大日本蚕糸会（一九三六年）
被服文化協会『服飾大百科事典』上巻、文化服装学院出版局（一九六九年）
藤本實也『開港と生糸貿易』上巻、刀江書院（一九三九年）
藤本實也『開港と生糸貿易』中巻、刀江書院（一九三九年）
藤本實也『開港と生糸貿易』下巻、刀江書院（一九三九年）
藤本實也『富岡製糸所史』片倉製糸紡績（一九五五年）
藤本實也『原三渓翁伝』思文閣出版（二〇〇九年）
船橋治「明治6年4月17日付官許横浜毎日新聞第七一〇号」『復刻版　横浜毎日新聞　第4巻』不二出版（一八七三年）
報知社『郵便報知新聞』明治二〇年七月十四日付（一八八七年）
堀田禎吉『桑編』増訂第三版、養賢堂（一九五一年）

本多岩次郎『日本蚕糸業史』第一巻、大日本蚕糸会（一九三五年）
本多岩次郎『日本蚕糸業史』第二巻、大日本蚕糸会（一九三五年）
本多岩次郎『日本蚕糸業史』第三巻、大日本蚕糸会（一九三六年）
本多岩次郎『日本蚕糸業史』第四巻、大日本蚕糸会（一九三五年）

＊

毎日新聞横浜支局『横浜今昔』毎日新聞横浜支局（一九五七年）
三谷賢三郎『最近　蚕業学』中巻、明文堂（一九二九年）
三宅俊彦『日本鉄道史年表（国鉄・ＪＲ）』グランプリ出版（二〇〇五年）
森精『カイコによる新生物実験』三省堂（一九七〇年）
森本宋『生糸恐慌対策史』横浜貿易新報社（一九三一年）
森脇靖子「外山亀太郎と明治期の蚕糸業における蚕の種類改良」『科学史研究』第49巻№255、日本科学史学会（二〇一〇年）

＊

養蚕団体史編集委員会『養蚕団体史』全国養蚕農業協同組合連合会（一九六四年）
横須賀開国史研究会『開国史研究』第十号、横須賀市（二〇一〇年）
横田長太郎『栽桑原論』明文堂（一九〇八年）
横浜開港資料館『横浜もののはじめ考』第3版（二〇一〇年）
横浜開港資料館・（財）横浜開港資料普及協会『資料集　横浜鉄道一九〇八～一九一七』（財）横浜開港資料普及協会（一九九四年）
横浜開港資料館・（財）横浜開港資料普及協会「たまくす」第2号（一九八九年）
横浜生糸検査所『横浜生糸検査所六〇年史』農林省横浜生糸検査所、一九五九年
横浜生糸検査所『横浜生糸検査所八〇年史』横浜生糸検査所、一九七七年
横浜生糸取引所『横浜と絹の百年』日本蚕糸新聞（一九九四年）
横浜生糸取引所理事長松村千賀雄『横浜とシルクの道』日本蚕糸新聞（一九八八年）

横浜港振興協会横浜港史刊行委員会『横浜港史　各論編』横浜市港湾局企画課（一九八九年）
横浜蚕糸貿易商業同業組合『蚕糸之横浜』（一九二六年）
横浜市『横浜市史』第二巻、有隣堂（一九七〇年）
横浜市『横浜市史』第三巻上、有隣堂（一九六一年）
横浜市『横浜市史』第三巻下、有隣堂（一九六三年）
横浜市『横浜市史』第四巻上、有隣堂（一九六五年）
横浜市『横浜市史』第五巻上、有隣堂　（一九七一年）
横浜市『横浜市史』第五巻下、有隣堂（一九七六年）
横浜市総務局市史編集室『横浜市史』Ⅱ、第一巻上、横浜市（一九九三年）
横浜市役所『横浜市史稿　産業編』名著出版（一九三二年）
横浜市勤労福祉会館「特別展　横浜スカーフ　木版更紗から現代まで」横浜市勤労福祉会館（一九八九年）
横浜商業会議所『横浜開港五十年史』下巻、名著出版（一九七三年）
横浜税関百二十年史編纂委員会『横浜税関百二十年史』横浜税関（一九八一年）
横浜農林水産消費技術センター『横浜生糸検査一〇〇年史』横浜農林水産消費技術センター（一九九八年）
横浜貿易新聞社『横浜貿易新聞』明治二四年七月二九日付（一八九一年）
横浜貿易新聞社『横浜貿易新聞』明治三一年四月一五日付（一八九八年）
横浜輸出絹業史刊行会『横浜輸出絹業史』横浜輸出絹業史刊行会（一九五八年）
吉村武三吉『栽桑原論』明文堂（一九一一年）

＊

和田英「富岡入場略記・六工社創立記」『富岡日記』東京法令出版（一九六〇年）

発刊に寄せて

（財）シルクセンター国際貿易観光会館会長　西田義博

このたび、当財団が運営するシルク博物館専門員、小泉勝夫氏の『開港とシルク貿易』を刊行できたことを誠に喜ばしく思っております。

シルクの歴史は大変古く、数千年前に遡るともいわれますが、わが国でも、すでに弥生時代には絹の製法が伝わったと考えられており、それから今日まで、シルクは人々の日頃の生活に欠かせないばかりか、多くの人がその美しさにも魅了されてきました。

とくに明治以降、養蚕業は国の近代化の礎をなすものとして奨励され、二〇世紀初頭には、生糸の生産量が世界最高に達するなど興隆をきわめました。このように、日本の近代的発展の中において「シルク」が果たした役割は多大なものがありますが、それは小さな漁村であった横浜を近代的な都市に発展させていく原動力にもなりました。明治の初め、シルク貿易で栄え発展した横浜には、全国から集まってくる生糸などの取引などに関わって、外国人商社も含めて多くの商人が活躍しましたが、今でもその史跡を街の所々に見ることができます。

当財団も、養蚕の盛んな群馬県出身の元神奈川県知事の内山岩太郎氏が、戦後日本の復興を「シルク」に託すべく、現在のシルクセンター及びシルク博物館を建設しようと、神奈川県のほか、横浜市・関係団体の協力をえて設立したものですが、特にシルク博物館は博物館法に基づく財団法人による私立博物館として、「シルク」への理解と普及・振興を目的に、実に半世紀以上の活動を進めてまいりました。

そうした中、刊行された『開港とシルク貿易』の著者である小泉勝夫氏は、神奈川県庁で蚕糸の研究や指導の仕事に長く携わって来られた後、シルク博物館に部長として招聘され幅広く活躍されるとともに、この間も養蚕をはじめ「シルク」に関わる研鑽努力を絶えず積み重ねられ、多くの貴重な調査資料等を世にだしてまいりましたが、今回の著書は、これまでの氏の調査研究の集大成としてわかりやすくまとめられたものと申せます。

皆様方には、この著書をお読みいただき、日本近代における「シルク」をめぐる歴史や産業の発展、また都市の形成や人々の営みを知っていただくとともに、改めて人々の夢を紡いだ「シルク」の不思議な魅力にも思いを寄せていただければ幸いに思っております。

平成二五年春

あとがき

本書の執筆を始めた二〇〇九（平成二一）年、横浜市は記念すべき開港一五〇周年を迎え、市内では「横浜開国博Y一五〇」の行事を中心に、様々なイベントが繰り広げられ、わき返っていた。

蚕糸《さんし》業の歴史に関心を持つ多くの人たちも、横浜開国博Y一五〇の行事に足を運んだ。この人たちから、わかりやすく書かれた蚕糸業史の書物が欲しいという声が多く寄せられた。たまたまこのような時に、財団法人大日本蚕糸会蚕糸・絹業提携支援センターの蚕糸絹業専門雑誌「シルクレポート」編集部から、横浜開港とシルク貿易に関する執筆を求められた。そこで、開港一五〇周年にわいた横浜の様子を切り口に「横浜開港とシルク貿易」と題して連載を始めたことが、本書執筆の始まりとなった。

本書は「シルクレポート」誌の連載に資料を追加し、加筆を行うとともに、神戸開港（一八六八年）と生糸輸出やシルク貿易に貢献した蚕糸技術などの中からいくつかの話題を取り上げて、シルク貿易の歴史を記した。しかし、多岐にわたるシルク貿易の動きの中ですべてを網羅することには限界があり、シルク貿易に関わる大まかな流れを述べるにとどまったことをお断りしておきたい。

*

本書を執筆するにあたって、(財)シルクセンター国際貿易観光会館の西田義博会長には「発刊に寄せて」を賜り、また長田誠専務理事には本書が刊行されるまでの労をお取りいただいた。記して御礼を申し上げる。そして、特にお名前は記さないが(財)大日本蚕糸会をはじめ、多くの関係者の方々にご協力をいただいた。また、シルクセンター国際貿易観光会館シルク博物館、横浜開港資料館、市立岡谷蚕糸博物館、椎野秀聡氏、宮沢津多登氏、平田卓雄氏からは貴重な写真資料等を提供していただき、心から感謝を申し上げる。本書を編集、刊行するにあたりご尽力をいただいた世織書房の伊藤晶宣氏、門松貴子氏には感謝と御礼を申し上げる。

本書が蚕糸業史に関心のある方々に多少でも役立つことを願って、筆を止める次第である。

著者

二〇一三(平成二五)年春

〈著者紹介〉
小泉勝夫（こいずみ・かつお）
1936年長野県生まれ。1959年信州大学繊維学部卒業。愛知県蚕業試験場豊川支場、神奈川県蚕業試験場、 神奈川県蚕業センター技術研究部・蚕糸普及部・蚕業指導所、神奈川県津久井地区及び湘南地区行政センター農林部、神奈川県農業総合研究所蚕糸検査場をへて、現在、財団法人シルクセンター国際貿易観光会館シルク博物館専門員。
著書に『蚕糸業の歩みとこの底辺を支えた人々』『蚕糸業史——蚕糸王国日本と神奈川の顛末』『消えゆく養蚕用語』『シルク博物館資料集2　港・横浜・絹の街』『蚕糸の知識と活用』『蚕と蚕の仲間たち』『カイコの豆博士』などがある。

開港とシルク貿易——蚕糸・絹業の近現代

2013年5月3日　第1刷発行 ©

著　者	小泉勝夫
装　幀	M. 冠着
発行者	伊藤晶宣
発行所	(株)世織書房
印刷所	(株)シナノ
製本所	(株)シナノ

〒220-0042　神奈川県横浜市西区戸部町7丁目240番地　文教堂ビル
電話045(317)3176　振替00250-2-18694

落丁本・乱丁本はお取替いたします　Printed in Japan
ISBN978-4-902163-68-1